Obstbrennerei heute

Obstbrennerei heute

Ein Leitfaden für Kleinbrenner

Hans Tanner und Hans Rudolf Brunner

4., neubearbeitete und erweiterte Auflage

57 Abbildungen
24 Tabellen

Verlag Heller Schwäbisch Hall

Auslieferung:
C. Schliessmann Kellerei-Chemie GmbH & Co KG
Postfach 100564, D-74505 Schwäbisch Hall

Hans Tanner
dipl. Chemiker, war bis zu seinem Altersrücktritt Leiter des Getränkelabors an der Eidg. Forschungsanstalt Wädenswil

Hans Rudolf Brunner
dipl. Chemiker ETHZ, ist Dozent für Allgemeine Chemie und Lebensmittelchemie an der Ingenieurschule Wädenswil

CH-8820 Wädenswil

Die Wiedergabe von Gebrauchsnamen, Handelsnamen, Warenbezeichnungen usw. in diesem Werk berechtigt auch ohne besondere Kennzeichnung nicht zu der Annahme, daß solche Namen im Sinne der Warenzeichen- und Markenschutzgesetzgebung als frei zu betrachten wären und daher von jedermann benutzt werden dürften.

© Copyright 1982, 1983, 1987, 1995 by
Heller Chemie- und Verwaltungsgesellschaft mbH,
D-74505 Schwäbisch Hall, Unterlimpurger Straße 101
Einbandgestaltung: W. Seidl, Schwäbisch Hall und W. Waldvogel, Wädenswil
Zeichnungen: H. Paries, Schwäbisch Hall und W. Seidl, Schwäbisch Hall
Gesamtherstellung: Druckhaus Goldammer, 91443 Scheinfeld
Printed in Germany

ISBN 3-9800 498-0-9

Vorwort

Obstbranntweine werden schon seit Jahrhunderten hergestellt, doch verfügen nicht alle auf diesem Gebiete Tätigen über die Fachkenntnisse, welche zur Erzeugung einwandfreier Destillate eigentlich notwendig wären. Ein Grund hierfür liegt sicher in der Tatsache, daß das Wissen um die Branntweinherstellung – und darunter sind neben dem eigentlichen Brennvorgang auch das Einmaischen und die Gärführung zu verstehen – mehr durch Überlieferung als im Rahmen einer Fachausbildung erworben wird. Insbesondere gilt dies für die große Zahl der »nebenamtlichen« Haus- und Kleinbrenner, welche schon aus Zeitgründen nicht zum Besuch eines länger dauernden Kurses oder zur Durcharbeitung von Lehrbüchern in der Lage sind. Aus täglichen Kontakten zur Praxis wissen wir aber, daß auch bei diesem Personenkreis die Verbesserung des Kenntnisstandes immer energischer angestrebt wird, wodurch sich das Bedürfnis nach einer konzentrierten und vorrangig praxisorientierten Darstellung des Obstbrennens ergibt.

Mit dem vorliegenden Buch »Obstbrennerei heute« versuchen wir, das Wichtigste über den Werdegang eines Obstbranntweins zusammenzufassen. Bewußt wurde auf allzu Theoretisches verzichtet; wenn trotzdem hin und wieder ein kleiner Exkurs in die Chemie und Mikrobiologie eingeschoben wird, dann nur mit der Absicht, den einen oder anderen Verarbeitungshinweis näher zu begründen und transparenter zu machen. Gerade bei der Maischebereitung besteht ja noch mancherorts Unklarheit über die zu treffenden Maßnahmen und deren Auswirkungen auf die Branntweinqualität. Großes Gewicht wurde auch auf die Beschreibung der häufigsten Branntweinfehler sowie deren Verhütung und Behandlungsmöglichkeiten gelegt, wobei ein zusätzlicher Frage/Antwort-Katalog geeignet sein dürfte, gelegentlich auftretende Probleme lösen zu helfen. Die Ausführungen über die Betriebskontrolle wurden auf die im Fachhandel gebrauchsfertig zur Verfügung stehenden Geräte und Reagenzien abgestimmt, wobei die neuen, ab 1. 1. 1980 geltenden Vorschriften zur Bestimmung des Alkoholgehaltes berücksichtigt sind. Mit freundlicher Erlaubnis der Physikalisch-Technischen Bundesanstalt in Braunschweig sowie der Bundesdruckerei, Zweigbetrieb Neu-Isenburg, konnten wir auch einen Teil der für die genaue aräometrische Alkoholbestimmung erforderlichen Temperaturkorrektur-Tabelle übernehmen. Analysenbeispiele und Angaben über analytische Anforderungen an Obstbranntweine sowie Kurzartikel über die gesetzlichen Grundlagen der Obstbrennerei in der Bundesrepublik, Österreich und der Schweiz ergänzen die verfahrenstechnischen Ausführungen.

In zuvorkommender Weise haben uns die Herren Sektionschef Bechler, Bern, mit der Durchsicht sowie Regierungsdirektor Jarsombeck, Bonn und Oberrat Dr. Weiss, Klosterneuburg, mit der Abfassung von Beiträgen über die Gesetzesbestimmungen in ihren Ländern unterstützt. Danken möchten wir auch einer ganzen Anzahl von Firmen, namentlich den Brennereiapparate-Herstellern Christian Carl, Göppingen, Jacob Carl, Göppingen, und Arnold Holstein, Markdorf, für die Überlassung von einschlägigen Fotos, Zeichnungen und anderen Unterlagen. Für die kritische Überprüfung des Manuskripts in stilistischer Hinsicht sind wir Herrn Hans Brunner, Aarburg, zu Dank verpflichtet.

Wir hoffen, mit dem vorliegenden Leitfaden bei allen wiss- und lernbegierigen Brennereifachleuten ein wohlwollendes Echo zu finden.

Wädenswil, im Januar 1982   Die Verfasser

Vorwort zur zweiten Auflage

Die erste Auflage hat eine überaus günstige Aufnahme gefunden, so daß bereits eine Neuauflage erforderlich ist. Abgesehen von einigen kleinen Korrekturen und zeitlich bedingten Ergänzungen konnte die erste Auflage unverändert übernommen werden.

Bei dieser Gelegenheit möchten wir Herrn Heinz Steinert, Schwäbisch Hall, für Rat und Tat bei der Entstehung dieses Leitfadens unseren Dank aussprechen. Seine Erfahrungen und Aktivitäten sind dem Buch zugute gekommen.

Wädenswil, im Januar 1983   Die Verfasser

Vorwort zur dritten Auflage

Das unvermindert große Echo in Brennereikreisen hat eine Neuauflage von »Obstbrennerei heute« gefordert. Diese fällt in eine Zeit, in welcher die Diskussion über Ethylcarbamat Institutionen, Experten und Praktiker gleichermaßen beschäftigt. Eine allseits befriedigende Lösung dürfte noch geraume Zeit auf sich warten lassen, so daß außer einer tabellarischen Erweiterung die zweite Auflage praktisch unverändert übernommen wurde.

Wir wünschen dem Leitfaden, der zwischenzeitlich vom gleichen Verlag auch in französischer Sprache herausgegeben wurde, weiterhin eine gute Aufnahme.

Wädenswil, im Juni 1987   Die Verfasser

Vorwort zur vierten Auflage

Nachdem sich »Obstbrennerei heute« einer nach wie vor großen Beliebtheit erfreut, welche mehrere Neudrucke der dritten Auflage erforderlich machte, war es an der Zeit, unter Beibehaltung des bewährten Konzepts den neuesten technischen und gesetzlichen Entwicklungen im Brennereisektor gerecht zu werden.

Wir hoffen, daß die nun vorliegende, vollständig überarbeitete und erweiterte Auflage alle interessierten Obstbrenner in ihrem Bestreben um hochstehende Qualität auch weiterhin wirkungsvoll unterstützen kann.

Wädenswil, im Januar 1995   Die Verfasser

Inhaltsverzeichnis

Vorwort 5

A ROHMATERIAL

1 Allgemeine Anforderungen 13

2 Wichtige Inhaltsstoffe 15
  2.1 Kohlenhydrate 15
  2.2 Fruchtsäuren 17
  2.3 Proteine 17
  2.4 Phenolische Stoffe 18
  2.5 Vitamine 18
  2.6 Aromastoffe 18
  2.7 Mineralstoffe 19

3 Die einzelnen Rohstoffe 19
  3.1 Kernobst 19
  3.2 Steinobst 20
    3.2.1 Kirschen 20
    3.2.2 Zwetschgen 20
    3.2.3 Pflaumen 21
    3.2.4 Aprikosen 21
  3.3 Beerenobst 21
  3.4 Trester 22
    3.4.1 Traubentrester 22
    3.4.2 Kernobsttrester 22
  3.5 Kernobst- und Traubenweine 22
  3.6 Hefegeläger 23
  3.7 Wurzeln und Knollen 23

B EINMAISCHEN UND GÄRUNG

1 Maische- und Gärbehälter 24
  1.1 Behältermaterialien 24
  1.2 Reinigung und Unterhalt 25
  1.3 Das Verschließen der Gärbehälter 26

2 Einmaischen und Maischebehandlung 28
  2.1 Reinigung und Zerkleinerung des Rohmaterials 28
  2.2 Ansäuerung 30
  2.3 Enzymbehandlung 31
  2.4 Gärhilfsmittel 35
  2.5 Weitere Maischezusätze 35
  2.6 Möglichkeiten zur Gewinnung methanolarmer Destillate 36
  2.7 Spezielle Verarbeitungshinweise 38
    2.7.1 Kernobst 38

2.7.2 Steinobst 39
2.7.3 Beerenobst 40
2.7.4 Trester 40
2.7.5 Wurzeln und Knollen 41

3 Gärung 42
3.1 Hefen 42
3.2 Einleitung der Gärung 44
3.3 Reinzuchthefen 44
   3.3.1 Trockenhefe 44
   3.3.2 Flüssighefe 45
3.4 Preßhefe 45
3.5 Gärverlauf 46
3.6 Maßnahmen nach Abschluß der Gärung 47
   3.6.1 Prüfung auf vollständige Vergärung 47
   3.6.2 Lagerung vergorener Maischen 48

C DESTILLATION

1 Allgemeines 49

2 Brennapparaturen 49
2.1 Einfache Hafenbrennerei mit direkter Beheizung 49
2.2 Brenngeräte mit indirekter Beheizung 51
   2.2.1 Wasserbadbrenngeräte 51
   2.2.2 Dampfbrenngeräte 52
2.3 Verstärkungseinrichtungen 64
2.4 Geistrohr 65
2.5 Kühler und Spiritusablauf (Vorlagen) 67

3 Destillationstechnik 68
3.1 Destillation ohne Verstärkungseinrichtung 68
   3.1.1 Herstellung von Rauhbrand (Lutter) 68
   3.1.2 Herstellung von Feinbrand 69
3.2 Destillation mit Verstärkungseinrichtung 71

4 Gewinnung von speziellen Spirituosen 71
4.1 Himbeergeist 71
4.2 Wacholder 72
4.3 Kräuterspirituosen 72

5 Reinigung und Unterhalt der Brennapparaturen 73

6 Verwertung der Schlempen 74

D ALTERUNG VON SPIRITUOSEN

1 Allgemeines 75

2 Wichtige Alterungsvorgänge 76
2.1 Oxidationen 76

	2.2 Veresterungen	76
	2.3 Acetalisierungen	77
3	Künstliche Alterung	77

E FERTIGSTELLUNG DER DESTILLATE

1 **Herabsetzung auf Trinkstärke** 78
   1.1 Bestandteile des Leitungswassers 78
   1.2 Methoden der Wasserenthärtung 79
      1.2.1 Ionenaustauscher 80
      1.2.2 Praktische Hinweise 81
   1.3 Ermittlung der Verschnittwassermenge 83

2 **Kühllagerung** 84

3 **Filtration** 84

4 **Abfüllung** 87

5 **Verwendung von Zusatzstoffen** 88

6 **Haltbarmachung eingelegter Früchte** 88

F FEHLER

1 **Allgemeines** 90

2 **Sichtbare Fehler** 90
   2.1 Metalltrübungen 90
      2.1.1 Trübungen durch Härtebildner 90
      2.1.2 Schwermetalltrübungen 91
   2.2 Durch etherische Öle, Fuselöle und Terpene
      bedingte Trübungen 93
   2.3 Verfärbungen 94

3 **Geruchs- und Geschmacksfehler** 94
   3.1 Mikrobiell bedingte Fehler 94
      3.1.1 Essigstich 96
      3.1.2 Erhöhter Estergehalt 97
      3.1.3 Buttersäurestich 98
      3.1.4 Milchsäurestich 99
      3.1.5 Acroleinstich 99
      3.1.6 Schwefelwasserstofffehler 100
   3.2 Nicht mikrobiell bedingte Fehler 101
      3.2.1 Metallgeschmack 101
      3.2.2 Steingeschmack 101
      3.2.3 Herber Beigeschmack 102
      3.2.4 Brenzliger Geschmack 102
      3.2.5 Schwefeldioxidfehler 102
      3.2.6 Vor- und Nachlauffehler 102
   3.3 Andere Fehler und Mängel 103
   3.4 Übersichtstabellen 105

G BETRIEBSKONTROLLE

1 **Allgemeines** 106

2 **Probenentnahme und -vorbereitung** 107

3 **Extrakt** 107
   3.1 Aräometrie 107
   3.2 Refraktometrie 111
   3.3 Interpretation der Meßergebnisse 113
      3.3.1 Unvergorene Säfte und Maischen 113
      3.3.2 Vergorene Säfte und Maischen 114
   3.4 Ermittlung der voraussichtlichen Alkoholausbeute 115
      3.4.1 Berechnung mittels Näherungsformel 115
      3.4.2 Graphisches Verfahren 117

4 **Alkohol** 118
   4.1 Aräometrie 118
      4.1.1 Bestimmung in extraktfreien Proben 118
      4.1.2 Bestimmung in extrakthaltigen Proben 120
   4.2 Ebullioskopie 123
   4.3 Interpretation der Meßergebnisse 124

5 **pH-Wert** 125
   5.1 Bestimmung mit Indikatoren 126
   5.2 Elektrometrische Bestimmung 127

6 **Flüchtige Säuren** 128

7 **Wasserhärte** 130

8 **Titrierbare Säuren** 131

9 **Schweflige Säure** 132

10 **Ester** 133

11 **Nachweis von Eisen, Kupfer und Zink** 135

12 **Vorlauftest** 135

13 **Blausäure** 136

H TABELLEN

1 **Korrekturtabelle zur Ermittlung des Alkoholgehaltes (Volumenkonzentration) bei 20°C aus der Ablesung des Alkoholometers und der Meßtemperatur** 138

2 **Mischungstabelle für die Herabsetzung von Destillaten** 190

3 **Alkohol-Umrechnungstabelle für die Gehaltsangabe in Volumprozent (% vol), Massenprozent (% mas), Gramm pro Liter (g/l) und die Dichte ϱ (g/cm³) entsprechender Alkohol/Wasser-Mischungen bei 20°C** 192

4 Extrakt-Umrechnungstabelle für die Gehaltsangabe
in Massenprozent, Mostgewicht und Gramm pro Liter 194

5 Volumenveränderung von Alkohol/Wasser-Mischungen
in Abhängigkeit von der Temperatur 195

I BEGRIFFE UND AUSDRÜCKE 196

K ALKOHOL

1 Physikalische und chemische Eigenschaften 201
2 Physiologische und toxische Wirkungen 202
3 Herstellung, Verwendung und Verbraucher 202

L GESETZLICHES

1 Deutschland 204
2 Schweiz 207
3 Österreich 210

M ANALYSENZAHLEN

1 EG-Staaten 214
   1.1 Alkohol 214
   1.2 Methanol 215
   1.3 Weitere Inhaltsstoffe 215

2 Deutschland 216

3 Schweiz 216
   3.1 Alkohol 216
   3.2 Methanol 216
   3.3 Weitere Inhaltsstoffe 160
   3.4 Anforderungen an den von der Eidgenössischen
   Alkoholverwaltung zu übernehmenden Kernobstbranntwein 217

4 Österreich 218
5 Andere Staaten 218
6 Analysenbeispiele 219
7 Diskussion einer Kirschanalyse 220

N FRAGEKASTEN 221

O LITERATUR 235

Abbildungsverzeichnis 238

Sachregister 240

11

A ROHMATERIAL

1 Allgemeine Anforderungen

Als Ausgangsmaterial für die Gewinnung von Spirituosen kommen grundsätzlich alle zuckerhaltigen und vergärbaren Stoffe in Frage, insbesondere einheimische Früchte. Stärkehaltige Stoffe wie Getreide und Kartoffeln lassen sich nach vorgängiger Verzuckerung ebenfalls vergären. Die Auswahl der sich anbietenden Rohstoffe ist allerdings auf dem Gesetzes- und Verordnungswege eingeschränkt; ebenso unterliegen die Herstellungsverfahren (z.b. Verwendung von Gärhilfsmitteln und Brennapparaturen) gesetzlichen Bestimmungen, auf welche im Rahmen dieser Anleitung nur vereinzelt eingegangen werden kann (s. auch Kapitel L).

Folgende Rohstoffe sollen nachfolgend behandelt werden:

Kernobst (Äpfel, Birnen, Quitten)

Steinobst (Kirschen, Zwetschgen, Pflaumen, Aprikosen)

Beerenobst (Himbeeren, Brombeeren, Johannisbeeren usw.)

Trester (Kernobst- und Traubentrester)

Kernobst- und Traubenwein

Hefegeläger

Wurzeln und Knollen (Enzian, Topinambur).

Das zur Erzielung einwandfreier Destillate erforderliche Rohmaterial hat spezifischen Qualitätsansprüchen zu genügen, wobei für Tafelobst geltende Beurteilungskriterien wie Farbe, Form, Größe und Oberflächenglanz naturgemäß in den Hintergrund treten. Vielmehr sind die **inneren** **Werte** der Früchte für ein sowohl qualitativ als auch ausbeutemäßig befriedigendes Ergebnis ausschlaggebend:

- **hoher Zuckergehalt** (s. Tab. 1)
- **ausgeprägtes, sortentypisches Aroma**
- **sauberes, gesundes** Material (keine schimmligen und faulen Früchte).

Ein optimaler Zucker- und Aromagehalt ist nur durch gutes Ausreifenlassen der Früchte zu erreichen. Mit einer (verbotenen!) Zuckerung ließe sich die Zuckerarmut unreifer Früchte zwar korrigieren, qualitativ würde das dabei gewonnene Destillat infolge seiner Aromaschwäche aber nicht befriedigen. Darüber hinaus kann der erhöhte Gerbstoffgehalt unreifer Früchte zu Gärstockungen bzw. Fehlgärungen führen. Daß das verwendete Obst frei von jedem Fremdgeruch und -geschmack (z.B. nach Rohöl, Spritzmitteln) sein muß, sollte als selbstverständlich vorausgesetzt werden können.

Zusammenfassend ist festzuhalten, daß der **Zustand des Rohmaterials für die Herstellung qualitativ hochstehender Obstbrände von grundlegender Bedeutung** ist. Aus minderwertiger Ware lassen sich auch bei sorgfältigster Verarbeitung keine zufriedenstellenden Destillate gewinnen.

Tab. 1: **Zuckergehalt und Alkoholausbeute verschiedener Rohstoffe**

Rohstoff	Zuckergehalt (%)		Ausbeute (Anzahl Liter reiner Alkohol pro 100 kg Rohstoff)	
	Streubereich	Mittelwert	Streubereich	Mittelwert
Äpfel	6–15	10	3–6	5
Aprikosen	4–14	7	3–7	4
Birnen	6–14	9	3–6	5
Brombeeren	4–7	5,5		3
Enzianwurzeln	5–13		3–5	
Fallobst (Kernobst)	2–5			2,5
Hefegeläger			2–5	
Heidelbeeren	4,5–6	5,5		3
Himbeeren	4–6	5,5		3
Holunderbeeren	4–6	5		3
Johannisbeeren	4–9	rot 4,5 schwarz 6,5		3,5
Kernobsttrester	2–4		2–3	
Kirschen, süß	6–18	11	4–9	6
Pfirsiche	7–12	8		4,7
Pflaumen	6–15	8	4–8	
Quitten	4–8	6	2,5–4	
Traubentrester	2–4			3
Wacholderbeeren (getrocknet)		20	10–11	
Topinambur	13–18*		6–8	
Weintrauben	9–19	14	4–10	8
Zwetschgen	8–15	10	4–8	6

* vorwiegend Inulin

2 Wichtige Inhaltsstoffe

Grundsätzlich lassen sich die Bestandteile des Obstes in drei Gruppen einteilen:
- Wasser
- feste, wasserunlösliche und
- wasserlösliche Bestandteile.

In frischem Obst liegt der Wasseranteil normalerweise zwischen 80 und 85%. Die festen, wasserunlöslichen Bestandteile wie Stiele, Schalen, Kerngehäuse, Steine und Protopektin sind für den Brenner weniger interessant; sie bleiben nach der Destillation als Blasenrückstand (Schlempe) zurück. Immerhin ist zu erwähnen, daß aus Stielen und Blättern in der Maische unter anderem Hexanol gebildet werden kann, was zum unerwünschten Blättergeschmack führt. Dies bedeutet in der Praxis, daß z. B. Kirschen vor dem Einlegen von Blättern und Stielen zu befreien sind. Die »Kittsubstanz« Protopektin wird während der Reifung oder beim Lagern durch Enzyme gespalten (Weichwerden der Früchte); außerdem kann durch einen weiteren Abbauvorgang von Pektin der giftige Methylalkohol (Methanol) entstehen. Beim Steinobst ist darauf zu achten, daß nicht mehr als ca. 5% der Steine aufgeschlagen werden, um eine zu aufdringliche Bittermandelnote zu verhindern.

Die (mehr oder weniger) wasserlöslichen Substanzen, deren Fruchtanteil 10–20% beträgt, können folgenden wichtigen Stoffgruppen zugeordnet werden:

- Kohlenhydrate
- Fruchtsäuren
- Proteine
- phenolische Stoffe
- Vitamine
- Aromastoffe
- Mineralstoffe.

Die Zusammensetzung des Obstes schwankt nicht nur von Obstart zu Obstart, sondern kann sich auch von Sorte zu Sorte beträchtlich unterscheiden. Zudem hängt sie nicht nur vom bereits erwähnten Reifegrad, sondern auch von Faktoren wie Standort, Witterung und Bodenbeschaffenheit ab.

2.1 Kohlenhydrate

Der Hauptanteil an wasserlöslichen Fruchtsubstanzen entfällt auf die Kohlenhydrate. Von diesen sind in erster Linie die süß schmeckenden Zucker Glucose (Traubenzucker), Fructose (Fruchtzucker) und Saccharose (Rüben- oder Rohrzucker) zu nennen.

Glucose   Fructose

A

Saccharose

(structural formula of sucrose: glucose-fructose disaccharide)

Glucose und Fructose werden auch als Monosaccharide (Einfachzucker) bezeichnet; sie sind durch Hefen direkt vergärbar. Dagegen muss Saccharose (ein Disaccharid, d.h. Zweifachzucker) zuerst durch Einwirkung von Enzymen und/ oder Säuren in Glucose und Fructose aufgespaltet werden, um vergärbar zu sein. Dieser auch Inversion genannte Vorgang läuft während der Gärung ab, so dass der Restzuckergehalt vergorener Moste und Maischen praktisch nur noch aus Glucose und Fructose besteht. Diese drei Zucker kommen im Obst in ganz unterschiedlichen Anteilen vor. Die Summe aus Glucose, Fructose und Saccharose, d.h. der Gesamtzuckergehalt, ist ausschlaggebend für die spätere Alkoholausbeute (s. Tab. 1). Diese läßt sich aufgrund der **Gärungsgleichung** berechnen:

$$C_6H_{12}O_6 \longrightarrow 2\ C_2H_5OH + 2\ CO_2$$

Zucker   Alkohol   Kohlendioxid
(Glucose, Fructose)   (Ethylalkohol)   (Gärgas)

Aus 100 kg Zucker (Glucose, Fructose) entstehen theoretisch ca. 51 kg oder 64,5 l Alkohol. In der Praxis wird dieser Wert allerdings nicht erreicht: 0,2–1% des Rohstoffs bleiben unaufgeschlossen bzw. unvergoren, 3–5% gehen auf Kosten der Bildung von Gärungsnebenprodukten, 0,5–1,2% sind Verdunstungsverluste und 1–5 % sind durch den Zuckerbedarf der Hefe bedingt. Hinzu kommen noch Alkoholverluste beim Destillationsvorgang. Aus diesen Gründen darf in der Praxis bestenfalls mit einer Ausbeute von 56 Litern reinem Alkohol (r.A.) pro 100 kg Glucose oder Fructose gerechnet werden.

Von den weiteren in Früchten vorkommenden Kohlenhydraten ist noch der unvergärbare **Sorbit** zu nennen. Dieser ist in allen Kern- und Steinobstarten enthalten, während er in Weintrauben, Citrusfrüchten und in den meisten Beerenobstarten praktisch fehlt. In vergorenen Kern- und Steinobstmaischen kann ein erhöhter Sorbitgehalt vergärbaren Zucker vortäuschen (s. G. 3.3.2).

$$HOCH_2-CH-CH-CH-CH-CH_2OH$$
with OH groups on each CH

Sorbit

2.2 Fruchtsäuren

Die geschmackliche Ausgeglichenheit des Obstes wird außer vom Zuckeranteil in erster Linie vom Gehalt an nichtflüchtigen Säuren bestimmt. Mit fortschreitender Reife nimmt der Zuckergehalt auf Kosten des Säuregehaltes zu, was an sich erwünscht ist. Früchte mit zu geringem Säureanteil (hohes Zucker/Säure-Verhältnis) wirken jedoch nicht nur degustativ unbefriedigend; die daraus bereiteten Maischen sind zudem anfälliger gegen die Entwicklung unerwünschter Mikroorganismen, was zu Fehlgärungen führen kann. Säurearme Maischen, wie z. B. solche aus Williamsbirnen, sollten deshalb unter »Säureschutz« vergoren werden (s. B.2.2).

Neben anteilmäßig weniger bedeutenden Säuren sind im Obst vor allem Äpfelsäure, Citronensäure, Weinsäure, Isocitronensäure, Chinasäure und Chlorogensäure enthalten:

$$HOOC-CH_2-CH-COOH \qquad HOOC-CH_2-C-CH_2-COOH \qquad HOOC-CH-CH-COOH$$
$$\quad\quad\quad\quad\; |\quad\quad\quad\quad\quad\quad\quad\quad\quad\quad / \,\backslash \quad\quad\quad\quad\quad\quad\quad\quad\quad | \;\; |$$
$$\quad\quad\quad\quad OH \quad\quad\quad\quad\quad\quad\quad HO \quad COOH \quad\quad\quad\quad\quad OH \;\; OH$$

Äpfelsäure　　　　　　　　Citronensäure　　　　　　　　Weinsäure

Fast überall vorhanden ist die Äpfelsäure; anteilmäßig herrscht sie im Kernobst und in den meisten Steinobstarten vor. In Citrusfrüchten und in den meisten Beerenarten dominiert die Citronensäure, während Weinsäure praktisch nur in Trauben vorkommt. Chinasäure ist vor allem in Waldheidelbeeren, aber auch in Äpfeln und Steinobst enthalten. In Brombeeren dominiert die sonst nur in Spuren vorhandene Isocitronensäure.

Während und nach der Gärung können Fruchtsäuren durch bakterielle Tätigkeit abgebaut werden. So vollzieht sich in den meisten Kirschenmaischen der Abbau von Äpfelsäure zu Milchsäure, ohne daß dieser Vorgang allein die Maische nachteilig verändern würde (bei der Weinbereitung wird die Umwandlung der degustativ »hart« wirkenden Äpfelsäure in die »weichere« Milchsäure in vielen Fällen sogar angestrebt). Problematischer ist dagegen der bakterielle Abbau von Citronensäure; neben Milchsäure werden unter anderem auch Ameisen- und Essigsäure sowie Acetaldehyd gebildet, welche nicht nur die Maische, sondern auch das daraus gewonnene Destillat nachteilig verändern können. Zudem sind solche Vorgänge mit einer Erhöhung des pH-Wertes* verbunden, womit die Bakterienanfälligkeit der Maische noch zunimmt.

2.3 Proteine

Proteine (eiweißartige Substanzen) und ihre Bausteine, die Aminosäuren, sind im Gegensatz zu Kohlenhydraten und Fruchtsäuren Stickstoff-Verbindungen. Sie sind sowohl in den löslichen als auch in den unlöslichen Fruchtbestandteilen enthalten. Mengenmäßig fallen sie mit einem Anteil von ca. 1% kaum ins Gewicht. Daß sie trotzdem eine wesentliche Rolle spielen, hat vor allem zwei

---

* Der pH-Wert ist ein Maß für den Säuregrad wässeriger Lösungen (s. G.5)

Gründe: zum einen sind es die wasserlöslichen **Aminosäuren,** welche als Hefenährstoffe dienen und somit den Gärverlauf fördern. Ist die Stickstoffversorgung der Hefe nicht gewährleistet, so treten Gärstockungen auf, denen mit Gärhilfsmitteln vorgebeugt werden kann (s. B.2.4). Im Verlaufe der Gärung kommt es durch Umsetzung gewisser Aminosäuren zur Bildung von Aromastoffen.

Der zweite Grund für die Bedeutung der Proteine ist die Zugehörigkeit aller **Enzyme** zu dieser Stoffgruppe. Enzyme, früher auch Fermente genannt, beschleunigen chemische Vorgänge in lebenden Organismen (Stoffwechsel), ohne dabei verbraucht zu werden. Aus diesem Grunde sind sie schon in kleinsten Mengen wirksam. Typisch ist ihre Spezifität, d. h. ein Enzym beeinflußt normalerweise nur eine ganz bestimmte Reaktion. So kommen komplizierte Stoffwechselvorgänge nur durch das Zusammenspiel verschiedener Enzyme zustande. Als Beispiel sei das Enzymsystem der alkoholischen Gärung erwähnt, welches aus zwölf verschiedenen, in den Hefezellen gebildeten Enzymen besteht. Jedes einzelne dieser Enzyme bewirkt einen Teilvorgang bei der Bildung von Alkohol aus Glucose oder Fructose.

Viele enzymatisch gesteuerten Reaktionen führen auch zu unerwünschten Veränderungen wie z.B. Oxidations- und Bräunungsvorgänge, erhöhte Methanol- und Blausäuregehalte. Enzyme sind, wie alle eiweißartigen Substanzen, hitzeempfindlich, eine Tatsache, die zur Verhinderung nachteiliger Entwicklungen technologisch ausgenützt werden kann (s. z.B. B.2.6).

2.4 Phenolische Stoffe

Diese große Gruppe von Verbindungen wird oft unter der (nicht ganz korrekten) Bezeichnung »Gerbstoffe« zusammengefaßt. Sie beinhaltet sowohl Pflanzenfarbstoffe als auch solche Substanzen, welche zu größeren Molekülen kondensieren und damit den bekannten herben, adstringierenden (d.h. zusammenziehenden) Geschmack verursachen können. Bei erhöhtem Gehalt an phenolischen Verbindungen besteht die Gefahr von Gärstockungen, da sich durch Anlagerung an Proteine Ausflockungen bilden (»Glanzgärer« bei Obstsäften, s. B.3.5). Phenolische Stoffe sind auch an der Verfärbung des Fruchtfleisches beteiligt, welche bald nach der Zerkleinerung der Früchte einsetzt (»enzymatische Bräunung«).

2.5 Vitamine

Von den im Obst vorkommenden Vitaminen ist mengenmäßig in erster Linie Vitamin C (Ascorbinsäure und ihr Oxidationsprodukt Dehydroascorbinsäure) zu nennen, welchem im Hinblick auf die Gärung jedoch keine besondere Bedeutung zukommt. Für den Kohlenhydratstoffwechsel wichtig ist dagegen Vitamin B_1 (Thiamin), welches bei der Gärung verbraucht wird.

2.6 Aromastoffe

Das Aroma der Früchte setzt sich aus einer Vielzahl verschiedener Substanzen zusammen. So konnten beispielsweise in Trauben weit über 300 Aromastoffe nachgewiesen werden, obgleich ihr Gesamtanteil meist unter 0,1% liegt. Chemisch gesehen handelt es sich bei den Aromakomponenten vorwiegend um Kohlenwasserstoffe, Alkohole, Aldehyde, Ketone, flüchtige Säuren, Ester und Acetale. Sie bilden sich teilweise erst nach Erreichung der Vollreife aus. Neben Sorte und Reifegrad beeinflussen auch Faktoren wie Lage, Klima und Lagerbedingungen die Aromazusammensetzung.

Im Verlaufe der Gärung bilden sich zum Teil neue Aromastoffe – beispielsweise Isoamylalkohol aus der Aminosäure Leucin –, zum Teil werden auch bereits vorhandene Aromakomponenten in andere umgewandelt. Dies hat zur Folge, daß sich das Aroma einer vergorenen Maische (Gärbukett) mehr oder weniger stark vom entsprechenden Fruchtbukett unterscheidet. Das Abbrennen der Maischen sowie die anschließende Lagerung der Destillate führen zu weiteren Veränderungen (s. auch Kapitel D).

2.7 Mineralstoffe

Alle Früchte enthalten Mineralstoffe wie Kalium, Calcium, Magnesium, Eisen, Phosphor, Schwefel usw., welche ebenfalls als Hefenährstoffe dienen. Gärstockungen aufgrund zu tiefer Mineralgehalte sind in Obstmaischen wenig wahrscheinlich.

3 Die einzelnen Rohstoffe

3.1 Kernobst

Vornehmlich gelangen Ausschuß-Tafeläpfel und -birnen oder eigentliches Mostobst zur Verarbeitung. Es werden aber auch Brände aus sortenreinem Obst hergestellt. Bekannte Apfelsorten sind »Golden Delicious« und »Gravensteiner«; bei den Birnen ist in erster Linie »Williams Christ« zu erwähnen, aus welcher sich sehr typische, aromaintensive Destillate gewinnen lassen. Quitten sind schwieriger zu verarbeiten, liefern aber sehr gesuchte Spezialitäten (Verarbeitungshinweise s. B.2.7.1).

Der Zuckergehalt von Kernobst schwankt im allgemeinen recht stark (vgl. Tab. 1), doch beträgt er im Mittel sowohl bei Äpfeln als auch bei Birnen 9–10%, bei Quitten ca. 6%. Dagegen sind Birnen deutlich säureärmer, was sie gegen Infektionen besonders anfällig macht. Mostbirnen weisen öfters einen hohen Gerbstoffgehalt auf. Im allgemeinen wird gesundes Kernobst vor der Verarbeitung noch einige Zeit gelagert (Abbau des Gerbstoffes, Weichwerden des Fruchtfleisches, Aromaentwicklung), während beschädigtes Rohmaterial möglichst rasch verarbeitet werden muß. Verarbeitungsmöglichkeiten sind

– Einmaischen nach vorgängiger Zerkleinerung (gesundes Obst)
– Obst pressen und Schnellgärung durchführen (angefaultes, unreifes Obst, Hagelobst, Überschußverwertung)
– Verwertung überalterter Obstweine (Gesamt-SO_2-Gehalt beachten, s. G.9).

3.2 Steinobst

3.2.1 Kirschen

Zur Herstellung von Kirschwasser sind in erster Linie **kleinfrüchtige Sorten** geeignet, welche im allgemeinen nicht nur zuckerreicher, sondern auch extrakt- und aromareicher sind als Tafelkirschen. Aus Frühsorten hergestellte Destillate lassen in Bezug auf Ausbeute und Aroma oft zu wünschen übrig.
Sauerkirschen weisen wohl gelegentlich einen höheren (von der Säure überdeckten) Zuckergehalt auf als Süßkirschen, doch sind auch sie meist aromaärmer. Bei der Mitverwendung von Sauerkirschen sollte deshalb ihr Anteil 20% nicht überschreiten. Eine Ausnahme bildet die aromaintensive Maraska-Kirsche (Dalmatien), welche sortenrein verarbeitet wird.
Für Brennkirschen sind in den »Normen und Vorschriften für Kirschen« des Schweizerischen Obstverbandes folgende besonderen Anforderungen aufgeführt:

»– Ohne Stiel gepflückte und vollständig ausgereifte Ware, die weder den Anforderungen an Tafel- noch an Konservenkirschen entspricht;
– sauber, frei von Stielen, Blättern und Zweigteilen. Teilweise aufgesprungene oder anderweitig beschädigte Kirschen sind zugelassen, sofern sie weder in Gärung noch angefault sind.
– Eigentlicher Ausschuß von Tafel- und Konservenkirschen (deklassierte) sind keine vollwertigen Brennkirschen.
– Stark madige, angefaulte und faule Früchte müssen selbst als Brennkirschen zurückgewiesen werden.
– Dem Handel bleibt es überlassen, nach Sorten getrennte Anlieferung zu verlangen.«

Kirschen enthalten in der Regel 20–40 g (Maraska-Kirschen bis 80 g) Sorbit/kg, einen unvergärbaren, süß schmeckenden Zuckeralkohol. Im Falle von Fehlgärungen kann zudem aus Fructose der ebenfalls unvergärbare Zuckeralkohol Mannit entstehen, so daß Aräometer-Messungen vergärbaren Zucker vortäuschen. Der Steinanteil beträgt ca. 10 % des Gesamtgewichtes. Die Kirschen sind ohne Stiele zu pflücken; Blätter müssen entfernt werden. Aufgesprungene Früchte sind sofort zu verarbeiten.

3.2.2 Zwetschgen

Zwetschgen weisen eine längliche Form mit spitzen Enden auf. Das Fruchtfleisch ist relativ fest und meistens gut vom Stein ablösbar. Der Steinanteil beträgt ca. 6%. Bekannte einheimische Sorten sind »Hauszwetschge« und »Fellenbergzwetschge«. Der Zuckergehalt beträgt im frischen Zustand 8–15%, mit Ausnahme der zuckerreicheren Bosnischen Zwetschge, welche zum berühmten »Slibowitz« verarbeitet wird.
Da Zwetschgen relativ gut am Baum haften, kann mit der Ernte über die Vollreife hinaus zugewartet werden, bis die Früchte um den Stiel herum einschrumpfen. Durch die damit verbundene Wasserverdunstung läßt sich eine Erhöhung des Zuckergehaltes erreichen. Nach einer Regenperiode platzen Zwetschgen leicht

und werden von Fäulnis befallen; in diesem Falle sind sie rasch zu verarbeiten. Eine Schrumpfung des Stiels und damit eine bessere Schüttelfähigkeit lassen sich auch mit chemischen Mitteln (Ethrel) erreichen. Eigene Versuche haben gezeigt, daß so geerntete Früchte keine nachteilig veränderten Destillate ergeben, sofern der Blatt- und Stielanteil im Rahmen bleibt.

3.2.3 Pflaumen

Pflaumen sind im Gegensatz zu den länglichen Zwetschgen von rundlicher Form; auch ist das Fruchtfleisch weicher und läßt sich weniger gut vom Stein lösen. Zucker- und Säuregehalt liegen etwas tiefer als bei Zwetschgen, und das Aroma ist – von einigen Spezialsorten abgesehen – weniger stark ausgeprägt. Pflaumen sind infolge ihrer dünnen Haut noch anfälliger auf Verderb als Zwetschgen, da sie eher aufspringen und wegen des geringeren Säuregehaltes auch rascher faulen können. Nicht selten erhält man aus diesen Gründen unsaubere Destillate, doch lassen sich bei zweckmäßiger Verarbeitung (z.B. Ansäuerung der Maischen, s. B.2.2) durchaus befriedigende Resultate erzielen.

3.2.4 Aprikosen

Aprikosen sind bei uns als Brennereirohstoff eher von zweitrangiger Bedeutung, zumal in der Regel nur Ausschußware des Handels zur Verarbeitung gelangt. Dies führt häufig zu Fehlgärungen bzw. aromaarmen Destillaten. Aus den zuckerreichen Sorten Süd- und Südosteuropas werden jedoch aromatypische Qualitätserzeugnisse gewonnen. Bekannte Anbaugebiete sind Ungarn, das Wallis, Südtirol und Südfrankreich.

3.3 Beerenobst

Im Vergleich mit Stein- und Kernobst spielt das Beerenobst in der Brennerei eine bescheidene Rolle. Ein Grund dafür ist neben dem relativ geringen Zuckergehalt von 4–8% (Ausnahmen: Weintraube und Hagebutte) auch die Tatsache, daß die kultivierten Beerenarten gegenüber den wild wachsenden bezüglich Aromareichtum meist abfallen. Gewisse Arten, wie z. B. die schwarze Johannisbeere, sind denn auch für die Obstbrennerei mehr von lokaler Bedeutung. Recht häufig werden Beeren dagegen zur Geist- und Likörbereitung verwendet (s. C. 4 und Kap. N).
Von den einzelnen Beerenarten sind in erster Linie Himbeeren, dann auch Brombeeren und Johannisbeeren zu nennen. Preisel- und Holunderbeeren sind gerbstoffreich und teilweise stickstoffarm; zur Verhinderung von Gärstockungen sollten Gärhilfsmittel eingesetzt werden. Auch Vogelbeeren lassen sich, vor allem wegen ihres natürlichen Gehaltes an Sorbinsäure (Konservierungsmittel!) nur zögernd in Gärung bringen. Wacholderbeeren gelangen meist in getrocknetem Zustand in den Handel; ihr Zuckergehalt beträgt im Mittel 20%. Bedingt durch den erhöhten Gehalt an Gerbstoff, Harzen und etherischen Oelen bereitet auch die Vergärung von Wacholder-Maischen Schwierigkeiten. Die Verarbeitung erfolgt vornehmlich in den Steinhägerbrennereien.

3.4 Trester

3.4.1 Traubentrester

Trester sind Rückstände, welche beim Abpressen des Obstes anfallen. Ihr Zuckergehalt hängt – von der Qualität des Ausgangsmaterials einmal abgesehen – weitgehend vom Zeitpunkt des Abpressens sowie von den Preßbedingungen ab. Weiße Trauben werden süß gekeltert: der Trester-Zuckergehalt liegt deshalb höher als bei roten Trauben, die man zwecks Farbgewinnung erst bei abklingender Gärung abpreßt. In solchen Fällen kann der Zuckergehalt so gering sein, daß sich eine Verwendung als Brennereirohstoff nicht mehr lohnt. Eine Ausnahme bilden natürlich die nach einer Maischeerwärmung anfallenden Trester roter Traubensorten. Großen Einfluß auf den Zuckergehalt hat auch die Art des Kelterns: ein höherer Preßdruck, wiederholtes Auflockern und Pressen, heißes Abpressen usw. sind Faktoren, welche zur Verbesserung der Saftausbeute beitragen, dies allerdings auf Kosten des Zuckergehalts im Trester.

Trester sind leicht verderblich und deshalb rasch zu verarbeiten. Allzu starker Luftkontakt, der zu überhöhten Aldehydgehalten führt, kann durch gutes Einstampfen vermieden werden. Man verzichte auf die Verarbeitung bereits infizierter Trester (z. B. solche mit Buttersäurestich oder zu hohem Aldehydgehalt), da die Wiederherstellung der daraus gewonnenen Destillate mit beträchtlichem Aufwand verbunden oder gar nicht mehr möglich ist (s.a. F.3.1). Nicht selten finden sich auf dem Trester Spritzmittelrückstände, insbesondere Schwefel und organische Schwefelpräparate. Im Verlaufe der Gärung wird dieser Schwefel in Schwefelwasserstoff übergeführt (Geruch nach faulen Eiern); in den Destillaten entstehen auch übelriechende Mercaptane (s. F.3.1.6). Sind gleichzeitig Rückstände von kupferhaltigen Spritzmitteln vorhanden, kann der Schwefelwasserstoff infolge des erhöhten Kupfergehaltes abgebunden werden, was sich gerade beim Arbeiten mit Edelstahlbrennereien postiv auswirkt. Trester liefern meist Destillate mit hohem Aldehyd- und Methanolgehalt.

3.4.2 Kernobsttrester

Apfel- und Birnentrester enthalten im allgemeinen weniger Zucker als die Trester unvergorener Trauben. Ihre Verarbeitung lohnt sich deshalb nicht in allen Fällen. Auch Kernobsttrester-Destillate sind bekannt für ihren hohen Methanolgehalt. Methanol entsteht durch Einwirkung des fruchteigenen Enzyms Pektinesterase aus dem besonders in Tafelbirnen reichlich vorhandenen Pektin (s. B.2.3).

3.5 Kernobst- und Traubenweine

In der Regel werden nur fehlerhafte und geringe Weine gebrannt. Bei sorgfältigem Brennen und unter Beizug spezieller kellertechnischer Maßnahmen (Eliminierung der schwefligen Säure, Herabsetzung eines überhöhten Essigsäuregehaltes usw.) lassen sich durchaus akzeptable Destillate erzeugen. Unbrauchbar sind hingegen bitterkranke Weine und solche mit Buttersäure-, Mercaptan- oder Rohölgeschmack. **Vorsicht:** Blauschönungstrub darf auf keinen Fall gebrannt werden!

Die bekanntesten Branntweine sind französischer Herkunft. Bezeichnungen wie »Cognac« oder »Armagnac« sind ausschließlich für die aus Weinen genau festgelegter Gebiete gewonnenen Erzeugnisse zulässig. Außerdem bestehen Vorschriften über Brennverfahren und Lagerdauer in Eichenfässern.

3.6 Hefegeläger

Drusen und Hefegeläger sind in Fässern zu sammeln. Es empfiehlt sich, die Gebinde spundvoll zu füllen und solche Rohstoffe raschmöglichst zu brennen. Längere Wartezeiten sollten unbedingt vermieden werden, um der Bildung von Hefezersetzungsprodukten vorzubeugen (s. F.3.1.6).

3.7 Wurzeln und Knollen

Als Rohstoff dient vor allem die in den Alpen gegrabene, oft meterlange und mehrere Zentimeter dicke Wurzel des **gelben Enzians** (Gentiana lutea). Die Wurzeln des blauen Enzians werden entgegen einer weit verbreiteten Ansicht nicht verarbeitet. In frischem Zustand enthalten Enzianwurzeln 5–13, getrocknet bis 30% Zucker. Typisch ist ihr Gehalt an etherischen Oelen, Harzen, Alkaloiden, Bitterstoffen und auch Pektin, welche – teils nach Umsetzungsreaktionen während der Gärung – den Destillaten ihre charakteristische Note verleihen. Enzianwurzeln benötigen eine ziemlich lange Gärzeit, da der hauptsächlich vorhandene Zucker, das Trisaccharid Gentianose, nicht direkt vergärbar ist und zuerst von hefeeigenen Enzymen in Glucose und Fructose aufgespalten werden muß. Von allen Spirituosen weisen Enziandestillate die höchsten Methanolgehalte auf (s.a. M.2).

Auch die Knollen der sonnenblumenähnlichen **Topinamburpflanze** sind zur Vergärung geeignet. Sie enthalten bis zu 18% des Polysaccharids Inulin, welches durch ein knolleneigenes Enzym in die vergärbare Fructose aufgespalten wird. Blätter und Stengel der Pflanze gelangen zur Verfütterung. Topinamburdestillate weisen einen typischen Geruch sowie einen etwas erdigen, an Enzian erinnernden Geschmack auf.

B EINMAISCHEN UND GÄRUNG

1 Maische- und Gärbehälter

1.1 Behältermaterialien

Das früher als Maische- und Gärbehälter dominierende **Eichenholzfaß** hat in der Obstbrennerei viel von seiner Bedeutung verloren, während es zur Lagerung gewisser Destillate (Weinbrand) nach wie vor eine Rolle spielt. Holzfässer sind in bezug auf Inbetriebnahme, Unterhalt und Reinigung sehr arbeitsintensiv; auch ist ihre Aufbewahrung im Leerzustand problematisch (Entwicklung von Mikroorganismen, unerwünschte Geschmacksbeeinflussung usw.). Weitere Nachteile sind der bei längerer Lagerung unvermeidliche **Alkoholverlust** sowie die – durch die Form bedingte – unbefriedigende Raumausnützung. Durch Anbringen einer geeigneten Faß-Innenauskleidung kann der Aufwand für Unterhalt und Reinigung wesentlich vermindert werden.

In kleineren Betrieben, wo noch nicht mit Großbehältern und Tanks gearbeitet wird, bewährt sich das Einlegen der Rohstoffe in aufrecht stehende 200- bis 600-Liter-Holzfässer nach wie vor. Das Einfüllen erfolgt durch die Türchenöffnung. Nach dem Einsetzen und Abdichten des Türchens wird das Spundloch mit einem Gärtrichter verschlossen (s. 1.3).

Als Alternative zum Holzfaß stehen heute geeignetere Werkstoffe zur Verfügung. In erster Linie sind dabei die **Metall- und Kunststoffbehälter** zu nennen. Gegenüber dem Holzfaß weisen diese Materialien vor allem Vorteile bezüglich Reinigung, Unterhalt und Gasdichte auf. Durch die Möglichkeit der kubischen Bauweise kann auch eine bessere Raumausnützung erreicht werden. Zu beachten ist, daß nicht alle Werkstoffe für einen direkten Kontakt mit der Maische geeignet sind; in gewissen Fällen ist eine Innenauskleidung erforderlich. Über die zur Lagerung von Destillaten geeigneten Behälter s. D.1.

Unter den Metallbehältern können solche aus **V4A-Edelstahl** (z.B. Werkstoff-Nr. 1.4401) ohne Einschränkung für Einmaischen und Gärung empfohlen werden; auch V2A-Stahl (Werkstoff-Nr. 1.4301) ist korrosionsbeständig, sofern nicht mit gasförmigem Schwefeldioxid gearbeitet wird. Anders verhält es sich mit gewöhnlichem Stahl oder Aluminium. Da diese Werkstoffe von Fruchtsäuren angegriffen werden, ist eine Innenwandauskleidung, z.B. aus Kunststoff (Zweikomponentenlacke) oder Glasemail, unbedingt erforderlich.

Als synthetische Werkstoffe gelangen vor allem **glasfaserverstärkte Polyesterharze sowie Niederdruck-Polyethylen** zum Einsatz. Der große Vorteil gegenüber den Metallbehältern ist ihr geringes Gewicht; damit sind sie auch leicht transportierbar. Kunststoffbehälter können auch im Freien aufgestellt werden (bei warmer Witterung muß man sie allerdings überdecken oder mit Wasser berieseln!). Es sind auch stapelbare Modelle erhältlich. Zur Vergärung und Lagerung von Obstmaischen in Kunststoffbehältern ist keine Innenauskleidung erforderlich, da hierfür hergestellte Gebinde meistens geschmacksneutral sind. In Zweifelsfällen läßt sich dies durch Befüllen mit Wasser und anschließen-

des Abschmecken prüfen. **Dagegen muß von der Verwendung ehemaliger Chemikalienfässer dringend abgeraten werden.**
Von den übrigen, in der Praxis aber weniger verbreiteten Behälterwerkstoffen ist neben Glas auch Beton zu erwähnen. Ein direkter Kontakt mit der Maische ist jedoch zu vermeiden, da Zement gegenüber Fruchtsäuren unbeständig ist. Zur Behälter-Innenauskleidung kommen Schichten aus Epoxidharzen sowie Imprägniermassen auf Bitumen- oder Asphaltbasis in Frage.

1.2 Reinigung und Unterhalt

Fässer und Bottiche aus Holz müssen absolut flüssigkeitsdicht sein. Zu diesem Zwecke sind sie, insbesondere wenn sie längere Zeit leer standen, gründlich zu wässern. Das Wasser ist alle 1–2 Tage zu erneuern. Eine absolute Gasdichte läßt sich hingegen nicht erreichen; bei Holz muß immer mit einem gewissen Alkoholschwund infolge Verdunstung gerechnet werden.
Die **Innenreinigung** ist grundsätzlich unmittelbar nach der Entleerung vorzunehmen. Damit läßt sich die Bildung eingetrockneter Maischekrusten verhindern. Das Faß wird zunächst gründlich mit kaltem Wasser gespült und dann mit einem heißen Reinigungsmittel (z.B. 2 prozentige Sodalösung oder P3-Präparate) ausgebürstet. Anschließend wird wieder mit kaltem Wasser gespült, und zwar solange, bis dieses klar und ohne Fremdgeschmack abläuft.
Selbstverständlich ist auch auf **äußere Sauberkeit** zu achten. Insbesondere soll ein Schimmelbefall verhindert werden, was durch regelmäßige Behandlung der Außenwände mit einem Imprägniersalz oder -öl erreicht werden kann (keine chlorhaltigen Mittel verwenden!)
Nach erfolgter Reinigung läßt man die Fässer trocknen. Leerstehende Behälter keinesfalls verschließen! Bei längerem Nichtgebrauch ist eine geeignete Faßkonservierung zum Schutz vor unerwünschten Mikroorganismen unumgänglich. Bewährt haben sich das klassische Verfahren des Abbrennens einer nichttropfenden Schwefelschnitte pro hl Faßinhalt oder das Auffüllen mit schwefligsäurehaltigem Wasser (500 ml 5%ige SO_2/hl Wasser). Zu beachten ist, daß die Wirkung der schwefligen Säure mit der Zeit nachläßt, so daß der Einbrand alle paar Monate wiederholt werden muß. Vor einer Wiederverwendung sind Holzfässer jedenfalls genau auf ihren Zustand zu überprüfen bzw. gut zu wässern.

Die Reinigung von nicht aus Holz hergestellten Behältern ist im allgemeinen ohne Schwierigkeiten durchzuführen. Die Reihenfolge: kaltes Wasser – Reinigungsmittel – kaltes Wasser gilt auch hier. Zur Anwendung gelangen schwach alkalische, saure oder chlorhaltige Präparate. Letztere eignen sich jedoch nur bedingt bei Edelstahlbehältern (Gefahr der Lochfraßbildung). Auf jeden Fall hat anschließend ein gründliches Spülen zu erfolgen. Weiter sollte dem Umstand Rechnung getragen werden, daß Schmelzmassen auf Asphaltbasis – im Gegensatz zu Kunststoffbeschichtungen – eine geringe Wärmestabilität aufweisen; man verwende deshalb nur lauwarme Lösungen. Bei Kunststoffen und Edelstahl empfiehlt sich die Verwendung weicher Bürsten, damit die glatte Oberfläche nicht zerkratzt wird. Bei Beachtung dieser Punkte sowie eventueller Hinweise der Herstellerfirmen sind Reinigung und Unterhalt von Metall-, Kunststoff- und ausgekleideten Betonbehältern problemlos. Insbesondere kann auch auf eine Schwefelung zur Behälterkonservierung verzichtet werden.

1.3 Das Verschließen der Gärbehälter

Gärbehälter jeder Größe müssen sich gegen Luftzutritt verschließen lassen. Grund dafür ist die Tatsache, daß ein Luft-(d.h. Sauerstoff-)Kontakt der Maische die Entwicklung unerwünschter Mikroorganismen, z.B. Kahmhefen oder Essigbakterien, fördert, während die Hefe für die Vergärung des Zuckers keinen Sauerstoff benötigt. Von einer Vergärung im offenen Behälter, welche unweigerlich eine Maischeinfektion sowie Alkoholverluste nach sich ziehen würde, ist daher abzusehen. Wie aus der Gärungsgleichung (s. A.2.1) hervorgeht, entsteht als wichtigstes Nebenprodukt gasförmiges Kohlendioxid (CO_2) in größeren Mengen, welches aus dem Gärbehälter entweichen muß*. Dies läßt sich durch Verwendung eines sogenannten Gäraufsatzes (auch Gärtrichter oder Gärspund) erreichen. Wie Abb. 4 zeigt, ist dieser so konstruiert, daß die Sperrflüssigkeit den Luftzutritt verhindert, während sie vom gebildeten Kohlendioxid des leichten Überdrucks wegen ohne weiteres passiert werden kann. Das dabei wahrnehmbare »Glucksen« ist zugleich ein Zeichen für den ablaufenden Gärvorgang. Als Sperrflüssigkeit dient im allgemeinen ein 1:1-Gemisch von Glycerin und Wasser, oder, nach abgeschlossener Gärung, 2prozentige schweflige Säure.

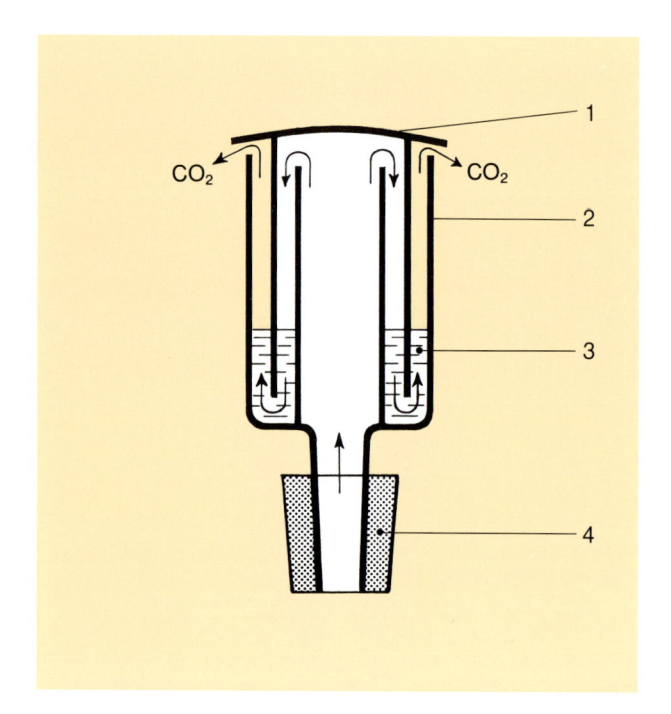

Abb. 4: Gäraufsatz

Es bedeuten
1 Glocke
2 Unterteil
3 Sperrflüssigkeit
4 Gummistopfen

---

* Beispiel: Bei der Vergärung von 300 kg Obstmaische (Mostgewicht 60°) ist mit der Bildung von 8–9000 l, d. h. 8–9 m³ CO_2-Gas zu rechnen. Im Gärkeller muß deshalb für eine ausreichende Belüftung gesorgt werden (Atemnot, Erstickungsgefahr; Kerze!).

Beim Aufsetzen des Gärtrichters vergewissere man sich, daß der Gummistopfen gasdicht verschließt. Spröde gewordene Stopfen sind zu ersetzen. Bei stürmischer Gärung muß gegebenenfalls Sperrflüssigkeit nachgefüllt werden (Füllhöhe ca. ein Drittel bzw. bis zur Strichmarke).
Die im Handel befindlichen Gäraufsätze sind von unterschiedlicher Form und Größe, funktionieren aber alle nach demselben Prinzip. Verbreitet sind auch U-Röhren mit kugelförmigen Ausbuchtungen (Abb. 5). Ebenfalls verwendet werden Gärgefäße mit Tauchdeckeln (Abb. 6), bei denen die Gefahr des Verlustes an Sperrflüssigkeit allerdings größer ist als bei Gärtrichtern. Der Flüssigkeitsstand ist daher regelmäßig zu kontrollieren.

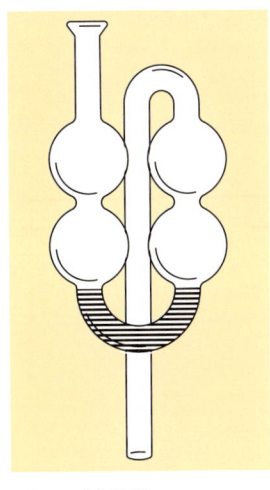

Abb. 5: U-Röhre

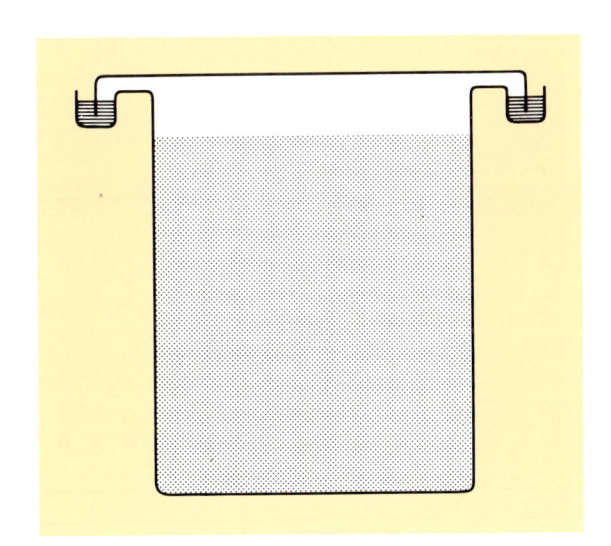

Abb. 6: Maischebehälter mit Tauchdeckel

2 Einmaischen und Maischebehandlung

Neben den Anforderungen an das Rohmaterial, welche im Hinblick auf die Gewinnung einwandfreier Destillate erfüllt sein sollten, spielen auch die Maßnahmen vor Einleitung der Gärung eine wichtige Rolle. Sie dienen alle dem Zweck, für die Hefen und damit für den Gärvorgang optimale Bedingungen zu schaffen. Dazu gehören das Waschen und Zerkleinern der Früchte sowie der Zusatz von Säuren, pektinabbauenden Enzymen und Gärhilfsmitteln. Natürlich haben nicht alle diese Maßnahmen angesichts der verschiedenen Obstarten den gleichen Stellenwert. Es wird auch kaum möglich sein, für das Einmaischen ein allgemeingültiges, »richtiges« Verfahren anzugeben. Zu viele Faktoren, wie etwa der Zustand des Rohmaterials, die voraussichtliche Lagerdauer der vergorenen Maische und nicht zuletzt auch gesetzgeberische Aspekte erfordern eine gewisse Flexibilität. Jeder Obstverwerter wird zudem von seiner persönlichen, im Laufe der Jahre gewonnenen Betriebserfahrung profitieren können.

2.1 Reinigung und Zerkleinerung des Rohmaterials

Nach Möglichkeit sollte das Rohmaterial gewaschen werden. Dies gilt insbesondere für das Kernobst, aber auch für verschmutztes Stein- und Beerenobst sowie Wurzeln und Knollen. Gerade an den vom Boden aufgelesenen Früchten haften meistens Blätter, Erde, kleine Steine, Gras und somit auch Mikroorganismen, welche sich bei unbeschädigtem Obst zum Großteil entfernen lassen. Bei Verletzungen der Fruchthaut – seien sie nun durch mechanische Einwirkung oder durch Fäulnis bedingt – können trotz des Waschens Bakterien in großer Zahl in Maische bzw. Saft gelangen. In solchen Fällen, d. h. bei sehr weichen oder leicht angefaulten Früchten, wird man mit Vorteil auf den Waschvorgang verzichten, dafür aber eine Ansäuerung der Maische vornehmen, um der Gefahr von Fehlgärungen vorzubeugen (s. 2.2). Stark angefaultes Obst sollte ohnehin nicht verarbeitet werden. Im Kleinbetrieb ohne besondere Waschvorrichtungen wie z. B. Schneckenförderanlagen, Gebläse- und Bürstenmaschinen oder Schwemmkanäle, gibt man das Obst in wassergefüllte, von unten mit Frischwasser gespiesene Bottiche. Während sich die Steine am Boden ansammeln, fließt das Schmutzwasser nach oben ab. Hartnäckige Verunreinigungen sind allenfalls durch Bürsten zu entfernen. Stein- und Beerenobst kann auch in Sieben oder Körben mit Wasser abgespült werden. Der Wasserdruck soll möglichst niedrig sein, um eine mechanische Beschädigung der Früchte zu verhindern.

Grundsätzlich ist festzuhalten, daß die Gärung umso besser und vollständiger verläuft, je höher der Zerkleinerungsgrad der Früchte ist. Die damit erreichte bessere Durchmischung der Maische beugt der »Nesterbildung« vor. Ein weiterer Vorteil liegt darin, daß die Maische durch das Aufschließen dünnflüssiger und damit pumpfähig wird. Nicht zuletzt läßt sich auch die gründliche Vermischung von Zusätzen wie Reinhefe, Säuren oder Gärhilfsmitteln leichter bewerkstelligen. Es muß jedoch an dieser Stelle erwähnt werden, daß eine **rasche Maischeverflüssigung** in vielen Fällen nur mit Hilfe pektolytischer Enzyme zu erreichen ist (s. 2.3).

B

Die mechanische Zerkleinerung kann durch Quetschen, Mahlen oder Mixen erfolgen. Das Quetschen von Hand mittels Holzstößel wird höchstens bei Kleinstmengen an Stein- und Beerenobst in Frage kommen. Zahlreich sind die auf dem Markt erhältlichen motor- und handgetriebenen Mühlen. Zwei wichtige Grundtypen:

– **Walzenmühlen** werden in erster Linie zur Zerkleinerung von Stein- und Beerenobst verwendet. Mit zusätzlichem Schneidwerk sind sie aber auch für Kernobst geeignet. Sie bestehen aus parallel angeordneten, gegenläufig rotierenden Walzen aus Stein, Metall oder Hartgummi. Der Walzenabstand kann der zu verarbeitenden Obstart angepaßt werden (Abb. 7).

– **Rätzmühlen** dienen vor allem der Zerkleinerung von Kernobst. Dabei werden die Früchte durch einen mehrflügeligen Rotor gegen einen Mahlmantel gedrückt. Dieser ist im unteren Teil mit axial liegenden Fräsmessern und Schlitzen versehen. Das zerkleinerte Obst wird durch die Schlitze nach außen gepreßt (Abb. 8).

Bei Kern- und Steinobst können auch **Mixer** eingesetzt werden (Abb. 9). Das Fruchtfleisch wird zerkleinert, während Steine ganz bleiben. Ein allzu starkes Mixen ist jedoch weder erwünscht noch erforderlich (Gefahr einer übermäßigen Hexanol- bzw. Hexanalbildung). Die meisten Rohstoffe sind nach dem Aufschließen oxidativen Veränderungen unterworfen. Das Zerkleinern des Obstes soll deshalb kontinuierlich vor sich gehen. Nach dem Einfüllen ist unverzüglich die Gärung einzuleiten und der Behälter zu verschließen (s. 1.3).

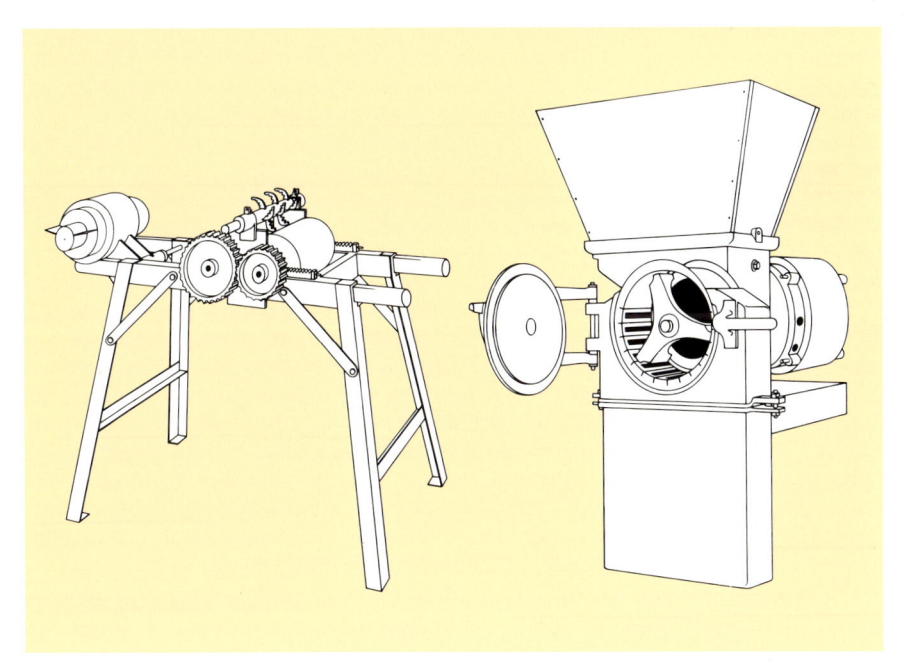

Abb. 7: Walzenmühle (Trichter entfernt)   Abb. 8: Rätzmühle

29

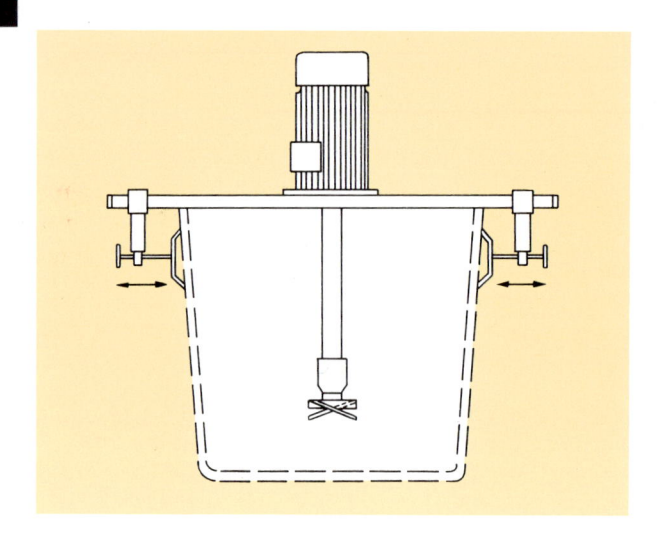

Abb. 9: Mixer

2.2 Ansäuerung

Fruchtsäfte und -maischen stellen mit ihrem Gehalt an Zuckern, Aminosäuren und Mineralstoffen für viele Mikroorganismen einen idealen Nährboden dar. Dies umso mehr, als auch der im Mittel zwischen 3 und 4 liegende pH-Wert noch in keiner Weise bakterienhemmend wirken kann. Unerwünschte Mikroorganismen, wie Essig-, Milch- und Buttersäurebakterien, sind dagegen bei pH-Werten unter 3 kaum noch lebensfähig, während Hefen relativ säurebeständig sind und sich im pH-Bereich von 2,8–3,0 durchaus noch vermehren können.
Langjährige Erfahrungen in der Getreide- und Kartoffelbrennerei zeigten, daß mit **Schwefelsäure** behandelte Maischen sauberer vergoren werden konnten. Diese Tatsache führte dazu, auch säurearme Obstmaischen anzusäuern, besonders dann, wenn diese nach der Gärung noch während mehrerer Monate gelagert werden mußten. Untersuchungen hatten ergeben, daß bei Maischen aus Williamsbirnen trotz empfohlener Reinhefegärung und Einhaltung peinlicher Sauberkeit mit zunehmender Lagerdauer ein Stichigwerden nicht verhindert werden konnte. Eine längere Lagerdauer vergorener Maischen ist jedoch aus praktischen Gründen (große Vorräte) nicht immer zu umgehen. Auch dort, wo sich das Auffüllen der Behälter über einen längeren Zeitraum hinzieht und ein Luftzutritt unvermeidlich ist, hat sich ein maßvolles Ansäuern bewährt. Die Analyse angesäuerter Maischen zeigt in der Regel unter 1,5 g/l liegende Gehalte an flüchtigen Säuren, ebenso liegen die Estergehalte im üblichen Bereich. Als wichtigste Tatsache muß aber gewertet werden, daß bei ausreichendem Säureschutz die für verdorbene Obstmaischen charakteristischen Komponenten wie Buttersäure oder Acrolein praktisch vollständig fehlen.

Zur Herabsetzung des pH-Wertes kommen sowohl Mineral- als auch Fruchtsäuren in Frage. Neben der bereits erwähnten, vorwiegend in Deutschland verwendeten Schwefelsäure haben sich auch Säurekombinationen, wie Phosphorsäure/Milchsäure oder Äpfelsäure/Milchsäure in der Praxis bestens bewährt.

Ein zusätzlicher Vorteil des in der Schweiz üblichen Phosphorsäure/Milchsäure-Gemisches besteht darin, daß Phosphorsäure auch als Hefenährstoff dienen kann, was zu einer zügigeren Gärung beiträgt (s. 2.4). Allerdings ist Phosphorsäure in Deutschland zur Maischebehandlung nicht zugelassen. Die erwähnten Säurekombinationen sind von der Anwendung her problemloser als konzentrierte Schwefelsäure, eine äußerst aggressive Substanz. Nicht zur Maischebehandlung geeignet ist hingegen Citronensäure (s. A.2.2).

Die für eine ausreichende Ansäuerung erforderlichen **Dosierungen** hängen von der Art und vom Zustand des Rohmaterials sowie von der voraussichtlichen Lagerdauer der vergorenen Maische ab. Für Schwefelsäure (95–98%, reinst) liegt der Anwendungsbereich um 100–200 g (55–110 ml) pro 100 kg Maische. Die konzentrierte Säure ist vorsichtig mit der 10–20fachen Menge Wasser zu verdünnen **(Säure zum Wasser geben; Schutzbrille!)** und nach dem Abkühlen der gut vermischten Lösung portionenweise der Maische zuzusetzen. Die Zugabe kann beim Einmaischen erfolgen. Um innerhalb der Maische möglichst einheitliche pH-Verhältnisse zu gewährleisten, ist für eine gute Durchmischung zu sorgen. Die Kontrolle des pH-Werts von 2,8–3 kann mittels Indikatorpapier oder -stäbchen erfolgen, s. G.5.1).

Das Phosphorsäure/Milchsäure-Gemisch kommt meist in Dosierungen von je 100–250 g Phosphor- bzw. Milchsäure pro 100 kg Maische zur Anwendung. Die pro 100 kg erforderliche Menge wird vor der Zugabe in ca. 2 l Wasser verdünnt. Zugabe und Vermischung in der Maische erfolgen wie bei der Schwefelsäure. Es sind auch gebrauchsfertige Lösungen im Handel. Über die bei den einzelnen Rohstoffen gebräuchlichen Dosierungen s. 2.7.

2.3 Enzymbehandlung

Auf die Bedeutung eines optimalen Aufschlusses der Maische wurde bereits im Zusammenhang mit der mechanischen Zerkleinerung hingewiesen. Besonders im Falle von Kernobst, aber auch bei Steinobst (Zwetschgen!) wird die angestrebte Maischeverflüssigung oft nicht innert nützlicher Frist erreicht. Um den damit verbundenen Nachteilen (Nesterbildung, verminderte Pumpfähigkeit, verzögerte Gärung usw.) vorzubeugen, hat die Verwendung pektolytischer (pektinspaltender) Enzyme in der Praxis Eingang gefunden. Zwar sind diese Enzyme auch in den Früchten und somit in den Maischen enthalten, doch ist ihre Aktivität oftmals nicht ausreichend.

Um die Wirkungsweise der pektolytischen Enzyme zu verstehen, soll zunächst kurz auf Struktur und Eigenschaften der Pektinstoffe eingegangen werden. Diese bezeichnet man auch als **Kittsubstanzen**, da sie für den Zusammenhalt des Zellgewebes verantwortlich sind. Der Pektingehalt schwankt in Kern-, Stein- und Beerenobst zwischen 1 und 20 g/kg. Beim Pektinabbau verringert sich die Kittwirkung, und die Zellen können sich gegeneinander verschieben, was sich im Weichwerden (Reifevorgang) und schließlich im Zerfall des Fruchtgewebes äußert. Zu den Pektinstoffen zählt man eine Reihe verschiedener, chemisch miteinander verwandter Substanzen:

- **Pektinsäure** ist eine aus Galakturonsäure-Molekülen (Abb. 10a) aufgebaute Polygalakturonsäure-Kette.
- **Pektate** sind die Salze (meistens Calciumsalze) der Pektinsäure.
- **Pektine** bestehen im wesentlichen aus Polygalakturonsäureketten, deren Säuregruppen zu 20–80% mit Methanol verestert sind, wobei man zwischen hoch- (> 50%) und niederveresterten (< 50%) Pektinen unterscheidet (Abb. 10b).
- **Protopektin** ist ein wasserunlösliches, höhermolekulares Pektin, welches mit Seitenketten im Pflanzengewebe verankert und wahrscheinlich zudem mit Calcium-, Magnesium- und Phosphationen vernetzt ist.

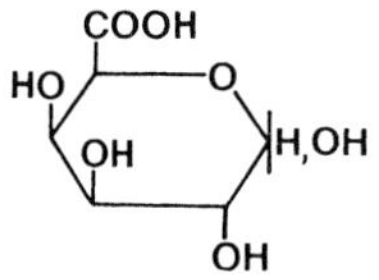

Abb. 10a: Galakturonsäure (vereinfachte Formel)

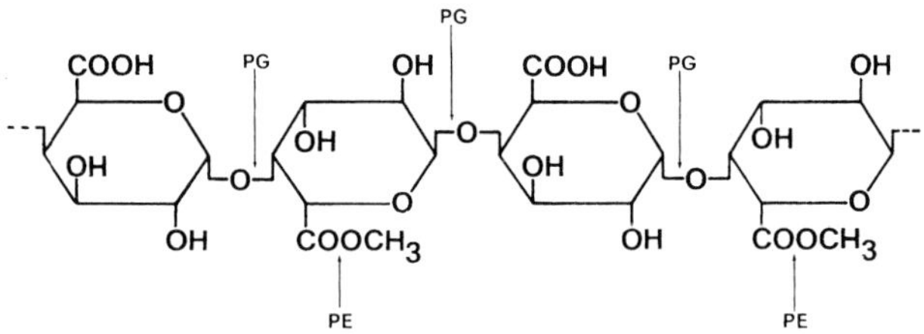

Abb. 10b: Pektin (vereinfachte Formel). Mit Pfeilen eingezeichnet sind die Angriffsstellen der Enzyme Pektinesterase (PE) und Polygalakturonase (PG), s. Text

Pektolytische Enzyme lassen sich in zwei Haupttypen unterteilen:
- **Polygalakturonasen** spalten die Bindungen zwischen den Galakturonsäure-»Bausteinen« der Pektinstoffe; aus großen Molekülen entstehen kleinere (bei vollständigem Abbau sogar Galakturonsäure, s. Abb. 10a). Dies führt zu der bereits erwähnten Abnahme der Kittwirkung.
- **Pektinesterase** spaltet die Methylestergruppen und bewirkt somit die Umwandlung von Pektin zu Pektinsäure. Das dabei entstehende Methanol (Methylalkohol) ist giftig (s. 2.6) und gelangt beim Brennvorgang auch ins Destillat.

Was geschieht nun mit dem Pektin im Laufe der Gärung?
1. Mit zunehmendem Alkoholgehalt werden lösliche Pektinstoffe ausgefällt. Auch das ohnehin wasserunlösliche Protopektin fällt nach einiger Zeit aus.
2. Die Methylestergruppen des Pektins werden durch **fruchteigene** Pektinesterase gespaltet (die Methanolbildung ist also ein natürlicher Vorgang).

Da nun aber die Ausfällung und der Abbau von Pektinstoffen nur zögernd vor sich gehen, bleiben viele Obstmaischen in der Anfangsphase der Gärung in ihrer Konsistenz praktisch unverändert; sie sind dickflüssig und erschweren einen zügigen Gärverlauf. Mit der Anwendung flüssiger bzw. pulverförmiger pektolytischer Enzyme des Handels, die meist aus Schimmelpilzen (vorwiegend Aspergillus- oder Penicillium-Arten) gewonnen werden, läßt sich diesen Mängeln auf einfache Art abhelfen. Während der Einsatz pektolytischer Enzyme in der Frucht- und Gemüsetechnologie, aber auch bei der Weinbereitung, zu den klassischen Behandlungsmethoden gehört, besteht manchenorts noch Unklarheit über ihre Eignung zur Maischebehandlung in Obstbrennereien. Dies umso mehr, als den Enzymen gelegentlich auch Eigenschaften (wie z.B. höhere Alkoholausbeuten) zugeschrieben werden, welche einer wissenschaftlichen Überprüfung nicht immer standhalten. Wie steht es aber tatsächlich um die Enzymbehandlung von Brennmaischen?

Zweifellos wird die Pumpfähigkeit der Maischen vor allem in der ersten Gärphase verbessert, da auch das unlösliche Protopektin aufgespalten wird. Untersuchungen von *Kolb* über das Fließverhalten von Äpfel- und Birnenmaischen ergaben, daß bei Birnen das beste Fließverhalten mit Enzymzugabe bereits nach zwei, bei Äpfeln nach fünf Tagen erreicht wurde, dies gegenüber fünf bzw. zehn Tagen ohne Verwendung pektolytischer Enzyme. Die mit verschiedenen Handelsprodukten bei vorschriftsgemäßer Anwendung erhaltenen Resultate wichen dabei nur unwesentlich voneinander ab.

Die Vorteile einer raschen Maischeverflüssigung sind offensichtlich: die Bildung von Trubdecken aus gröberen Fruchtbestandteilen wird vermindert, dickflüssige Maischen – als Folge eines hohen Pektingehaltes, der Verwendung unreifer oder angedorrter Früchte – sind in kurzer Zeit aufgeschlossen und pumpbar. Die Verteilung weiterer Maischezusätze wird erleichtert, die Gärgeschwindigkeit ist größer, eine Nesterbildung wird verhindert und die Steine lösen sich vom Fruchtfleisch. Die Wirkung der Enzyme kommt aber nur bei genügend hohen Maischetemperaturen voll zur Geltung (s. unten). Nicht zu vergessen sind die Vorteile beim Brennvorgang: flüssige Maischen sind bessere Wärmeleiter, so daß die Gefahr des Anbrennens geringer und die Brennzeiten kürzer sind (Energieeinsparung!).

Was die Methanolgehalte in Destillaten aus enzymbehandelten Maischen betrifft, so werden diese gegenüber unbehandelten nicht wesentlich verändert, da eine Methanolbildung durch die fruchteigenen Pektinesterasen ohnehin erfolgt. Ausnahmen, wie sie von *Pieper* und *Trah* beobachtet wurden, bestätigen die Regel. Auf jeden Fall lagen die Methanolgehalte stets tiefer als die gesetzlich zulässigen Höchstwerte (s. M.1.2). Die Herstellung methanolarmer Obstbrände kann jedoch von Interesse sein (z.B. Export in Länder mit tief angesetzten Methanol-Höchstwerten wie USA oder Kanada). Eine teilweise Inaktivierung der fruchteigenen Pektinesterase durch Maischeerhitzung bietet sich hier als Lösung an (s. 2.6).

Was ist zur Alkoholausbeute und zu den sensorischen Eigenschaften der aus enzymbehandelten Maischen gewonnenen Destillate zu sagen?

Eigene Untersuchungen zeigten, daß mit dem Einsatz pektolytischer Enzyme unter Praxisbedingungen keine oder höchstens eine minimale Erhöhung des Alkoholgehaltes um wenige Zehntelprozente erreicht werden kann. Zu ähnlichen Ergebnissen kamen *Pieper* und *Kolb,* wobei letzterer einzig bei Zwetschgen nach einer Pectinex-Behandlung eine um 0,5 % vol erhöhte Alkoholausbeute feststellte. Ausnahmen, wie sie *Bartels* bei der Verarbeitung von Topinambur beobachtete, bestätigen auch hier die Regel. Was die sensorischen Eigenschaften betrifft, konnten bei **maßvoller** Anwendung der Enzyme keine nachteiligen Veränderungen festgestellt werden.

Die praktische Anwendung der Enzyme wirft keine besonderen Probleme auf. Von Vorteil ist die Herstellung einer 2–10prozentigen Lösung der vom Hersteller empfohlenen Enzymmenge in Leitungswasser. Diese wird beim Einmaischen portionenweise zugegeben und gut vermischt. Die Haltbarkeit der Enzymlösung ist begrenzt; sie ist deshalb erst bei Bedarf anzusetzen. Auch die Handelsprodukte selbst sind im Laufe der Zeit einem Aktivitätsverlust unterworfen, wobei pulverförmige, insbesondere vakuumverpackte Enzyme lagerstabiler sind als flüssige. Man beachte die Angaben der Hersteller bezüglich Lagerbedingungen und Haltbarkeit!

Die **Dosierung** der Enzyme ist von verschiedenen Faktoren abhängig:

- **Konsistenz** des Rohmaterials: harte Früchte mit einem hohen Gehalt an Protopektin erfordern naturgemäß höhere Dosierungen;
- **Temperatur:** das Wirkungsoptimum pektolytischer Enzyme liegt bei 45–50 °C. Oberhalb 55 °C können sie inaktiviert werden, während sich bei Temperaturen unterhalb 10 °C der Pektinabbau nur langsam oder überhaupt nicht vollzieht;
- **pH-Wert:** neben anderen Faktoren wie erhöhte SO_2- und Gerbstoffgehalte sind auch extreme pH-Werte enzymhemmend. Das Wirkungsoptimum liegt etwa bei pH 4–5; unterhalb pH 3 bzw. oberhalb pH 6 ist die Aktivität wesentlich vermindert.

Diese Einflüsse können durch Anpassung der Enzymdosierung an die jeweiligen Verhältnisse weitgehend ausgeglichen werden, wobei die einschlägigen Produkt-Informationen der Hersteller zu beachten sind. Beispiel:

Empfohlene Richtwerte für die Dosierung von Pectinex Ultra SP–L

Äpfel	8	ml/100 kg Maische
Birnen	5	ml/100 kg Maische
Zwetschgen	3	ml/100 kg Maische
Topinambur	10–20	ml/100 kg Maische

Mit der Ansäuerung und der Enzymierung stehen dem Brenner zwei wirkungsvolle Maischebehandlungsverfahren zur Verfügung, über deren Möglichkeiten und Grenzen er sich jedoch im klaren sein muß. Es bleibt festzuhalten, daß der Enzymeinsatz im Zusammenhang mit der Maischeverflüssigung, -bewegung und -förderung sowie dem Gärverlauf von Vorteil ist. **Ein Schutz der vergorenen Maische gegen Essigbakterien, besonders bei hohen Außentemperaturen und längerer Lagerung, kann aber nur durch eine Ansäuerung erreicht** werden; die Enzymierung weist keinen Stabilisierungseffekt auf. Wegen der Hemmwirkung der Ansäuerung auf die Enzyme infolge der pH-Senkung wäre ein Säurezusatz nach erfolgter Verflüssigung oder nach Gärende ideal. Leider ist die nachträgliche Zugabe aufwendig, besonders bei großen Behältern. Aus diesem Grunde ist auch eine kombinierte Säure- und Enzymbehandlung zu empfehlen, wobei darauf zu achten ist, daß die Enzymlösung erst nach gutem Einmischen der Säure zugesetzt wird. Der pH-Wert der Maische sollte keinesfalls unter 3 liegen. Man halte sich grundsätzlich an die empfohlenen Dosierungen; allzu hohe Säure- und Enzymzusätze liefern erfahrungsgemäß zu neutrale Destillate. Über weitere Stabilisierungsmöglichkeiten vergorener Maischen s. 2.5.

2.4 Gärhilfsmittel

Zu den Voraussetzungen für einen optimalen Gärverlauf gehört auch eine ausreichende Nährstoffversorgung der Hefen, welche in erster Linie **stickstoffhaltige Verbindungen**, wie z.b. Aminosäuren, aber auch Phosphorverbindungen und Vitamine zur Vermehrung und Gärung benötigen. Diese sind nicht in allen Rohstoffen in genügenden Mengen vorhanden, so daß das Nährstoffangebot durch Zusatz von Hefenährsalzen verbessert werden muß. Besonders bei Beeren-, aber auch bei Kernobst läßt sich damit Gärverzögerungen bzw. Gärstockungen vorbeugen. In der Praxis üblich sind **Ammoniumsalze** wie Ammoniumsulfat oder di-Ammoniumhydrogenphosphat (Qualität »rein« bzw. »purum«), wobei letzteres nicht nur als Stickstoff-, sondern auch als Phosphorquelle dient. Meistens genügen Dosierungen von 20 g der obenerwähnten Salze pro 100 kg Maische. Das Nährsalz kann, in wenig Wasser oder Saft gelöst, bereits beim Einmaischen zugegeben werden, wobei auch hier auf eine gute Vermischung zu achten ist. Dort, wo die Verwendung kombinierter Hefenährpräparate nicht gestattet ist, käme allenfalls ein Zusatz von Thiamin (Vitamin B1) im Ausmaß von ca. 1 g/100 kg in Frage. Hingegen ist der Einsatz von »Wundermitteln« unbekannter Zusammensetzung nicht zu empfehlen.

2.5 Weitere Maischezusätze

Neben der Ansäuerung mit konzentrierten Frucht- und Mineralsäuren (s. 2.2) bestehen weitere – in der Praxis allerdings weniger verbreitete – Möglichkeiten zur Herabsetzung des pH-Wertes und Haltbarmachung der Maischen.
Die bei der Weinbereitung übliche Form des **Schwefelns** (Zusatz von Schwefeldioxid bzw. schwefliger Säure*) hat in der Obstbrennerei einiges von ihrer früheren Bedeutung verloren, wohl vor allem deshalb, weil mit der Ansäuerung ein problemloseres Verfahren zur Verfügung steht. Verbreitet ist die Schwefelung noch bei der Herstellung von Brennsäften aus Kernobst (s. 2.7.1). Nachteilig wirkt sich die Gefahr des Überschwefelns aus; zu hohe SO_2-Gehalte können

---

* Handelsformen von Schwefeldioxid (SO_2) sind a) **Kaliumdisulfit** ($K_2S_2O_5$) in fester Form (10 g entsprechen ca. 5 g SO_2), luftdicht und trocken aufbewahren; b) **schweflige Säure** (5–6prozentige SO_2-Lösung), volle Gebinde gut verschlossen und vor Licht geschützt aufbewahren; c) unter Druck verflüssigtes, reines **Schwefeldioxid** (in Druckbehältern mit Dosiervorrichtung).

Gärverzögerungen und fehlerhafte Destillate zur Folge haben. Außerdem läßt die Schutzwirkung der schwefligen Säure infolge Oxidation und Reaktion mit Maischeinhaltsstoffen allmählich nach, was die Lagerfähigkeit limitiert. Eine Kombination von Ansäuerung und Schwefelung ist nicht zu empfehlen. Die älteste Form des Schwefelns, das Abbrennen von Schwefelschnitten, wird heute der beschränkten Dosiermöglichkeit wegen höchstens noch zur Holzfaßkonservierung eingesetzt (s. 1.2).

Besonders bei Holzfässern ist der Luftzutritt nach Abschluß der Gärung nie ganz zu vermeiden. Um bei längerer Lagerung den Sauerstoffkontakt und damit die Bildung von Essigbakterien auf ein Minimum zu beschränken, ist nach Angaben von *Bruchmann* und *Kolb* der Zusatz technischer **Glucose-Oxidase** geeignet. Dieses Enzym, welches der Maische nach der Hauptgärung im Ausmaß von 2 g/100 kg zugesetzt wird, fördert die sauerstoffverbrauchende Oxidation von Glucose, wobei ein zusätzlicher Schutz durch das bei dieser Reaktion gebildete Wasserstoffperoxid erreicht werden kann. Derart behandelte Maischen wiesen auch nach sechsmonatiger Lagerung keine erhöhten Gehalte an flüchtiger Säure auf; die Alkoholausbeuten lagen um 1–1,5% höher als bei unbehandelten Maischen nach gleicher Lagerdauer (gutes Verschließen der Gebinde ist unerläßlich!).

2.6 Möglichkeiten zur Gewinnung methanolarmer Destillate

Die Bildung von Methanol aus Pektin durch fruchteigene Pektinesterase ist ein natürlicher Vorgang, und ein gewisser Methanolgehalt wird in Deutschland sogar als Qualitätskriterium für Obstbrände angesehen! Anderseits sind erhöhte Methanolgehalte grundsätzlich unerwünscht, da die Substanz giftig ist*. Dies ist auch der Grund, weshalb in den meisten Staaten Höchstwerte für Methanol in Spirituosen gelten (s. Kap. M). Das sich daraus ergebende Problem der Herstellung methanolarmer Obstbrände kann durch einfache Destillation nicht gelöst werden: trotz der gegenüber Ethanol geringeren Siedetemperatur (64,5 °C bzw. 78,3 °C) erscheint Methanol unter den üblichen Destillationsbedingungen der Obstbrennerei sowohl im Vor- als auch im Mittel- und Nachlauf. Zwar sind **spezielle Destillationskolonnen** entwickelt worden, mit denen sich ein großer Teil des Methanols ohne wesentliche Aromaverluste entfernen läßt, doch kommen solche Anlagen nur für größere Betriebe in Frage, welche bedeutende Anteile ihrer Produktion in Länder mit besonders tief angesetzter Methanol-Limite exportieren (s. M.5).

Näherliegend ist es natürlich, die Entstehung von Methanol zu verhindern oder doch wesentlich einzuschränken. Dies kann durch **Maischeerhitzung** (Inaktivierung der Pektinesterase) erfolgen, wobei während ca. 30 Minuten eine Temperatur von 80–85 °C einzuhalten ist. Da die Hauptmenge an Methanol in-

---

* Methanol (Methylalkohol), eine farblose, leichtbewegliche, brennend schmeckende Flüssigkeit, kann in reiner Form beim Menschen Vergiftungssymptome wie Schwindel, Krämpfe, Übelkeit und Erbrechen sowie als Folge von Nervenschädigungen auch Sehstörungen auslösen. Die tödliche Dosis wird auf 80–100 ml geschätzt, doch sollen auch schon Todesfälle nach Einnahme von nur 7 ml vorgekommen sein. Zum Vergleich: 1 l Williams (100 %) enthält in der Regel 10–16 g Methanol. Bei gleichzeitiger Einnahme von Alkohol (Ethanol) ist die Giftwirkung von Methanol allerdings vermindert.

nert weniger Stunden nach dem Einmaischen gebildet wird, muß die Erhitzung entsprechend rasch erfolgen. Degustativ unterscheiden sich die aus erhitzten Maischen gewonnenen Destillate nur unbedeutend von den auf üblichem Wege erzeugten.
Bei einem anderen, energiesparenden Verfahren wird die Maische zunächst auf ca. 45 °C erwärmt und nach Enzymzusatz während gut 2 Stunden auf dieser Temperatur gehalten. Anschließend erhitzt man auf 75–80 °C, worauf mittels Vakuumentlüfter ein Großteil des gebildeten Methanols entfernt werden kann. Nach Passieren eines Wärmeaustauschers und Rückkühlung auf ca. 20 °C erfolgt der Reinhefezusatz (s. Abb. 11). Aus der Schilderung obiger Verfahren ergibt sich, daß die Gewinnung methanolarmer Branntweine relativ aufwendig ist und sich nur in Sonderfällen lohnen dürfte.

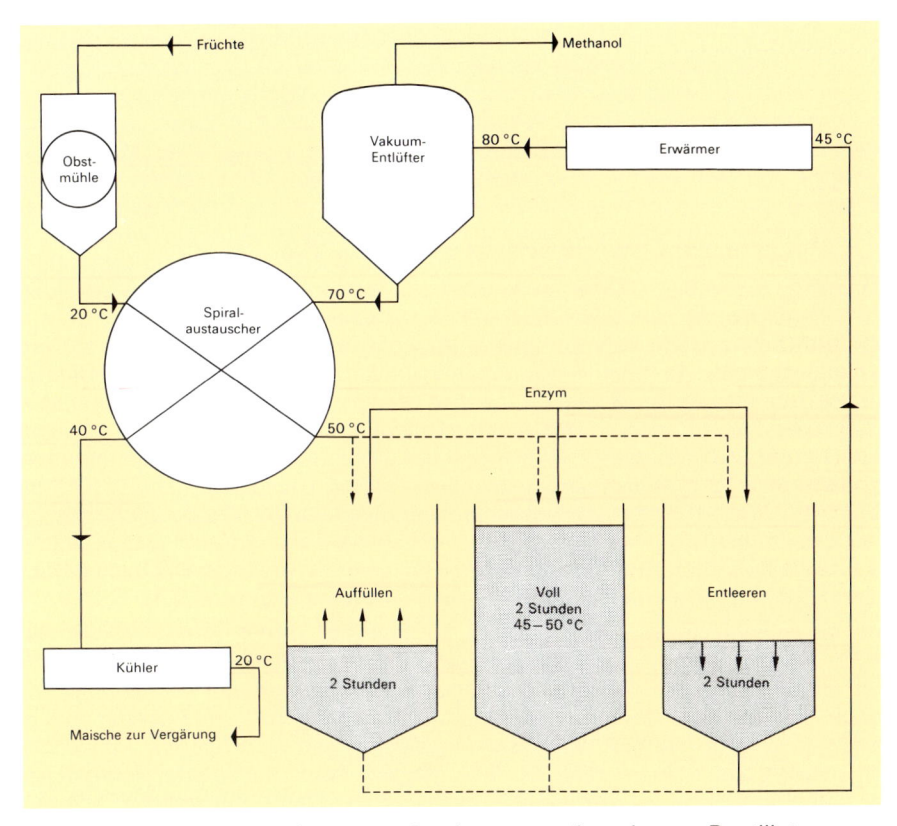

Abb. 11: Verarbeitungsschema zur Gewinnung methanolarmer Destillate

Eine weitere prinzipielle Möglichkeit, die Methanolbildung zu reduzieren, besteht nach *Pieper* in der Hemmung der Pektinesterase durch Zusatz gerbstoffhaltiger Pflanzenpräparate (z. B. Eichenholzextrakte). Wie sich solche Zusätze auf die sensorischen Eigenschaften der gewonnenen Destillate auswirken, kann allerdings nicht abschließend beurteilt werden.

2.7 Spezielle Verarbeitungshinweise

2.7.1 Kernobst

Kernobst ist vor der Verarbeitung zu waschen und anschließend zu zerkleinern. Lediglich bei sehr weichen Früchten, z.B. bei ausgelagerten, teigigen Williamsbirnen, kann man auf eine Zerkleinerung verzichten, da die Früchte nach dem Einschlagen durch ihr Eigengewicht zerquetscht werden. Nötigenfalls lassen sich weiche Früchte auch mit einem Holzstößel anquetschen. Im Falle von saftarmem Kernobst empfiehlt sich vorrangig die Verwendung pektolytischer **Enzyme** zur besseren Maischeverflüssigung (bei Äpfeln z.B. 8 ml Pectinex Ultra SP–L pro 100 kg Maische). Als Alternative käme bei dickbreiigen Kernobstmaischen auch ein Zusatz von 20 bis 30% Saft in Frage.

Bei Tafelobst und problematischem Rohmaterial ist eine **Maischeansäuerung** vorzunehmen (ca. 50 g Schwefelsäure oder je 100 g Phosphor- und Milchsäure pro 100 kg Maische). Je nach Zustand des Rohmaterials und voraussichtlicher Lagerdauer der vergorenen Maische muß die Säurezugabe erhöht (z.B. verdoppelt) werden. Die säurearmen **Williamsbirnen** benötigen für einen ausreichenden Infektionsschutz das doppelte bis dreifache der angegebenen Mengen. In Frage käme hier auch eine kombinierte Säure/Enzym-Behandlung, wobei die Enzymlösung erst nach gutem Durchmischen von Säure und Maische zugegeben werden soll (pH-Wert beachten). Von Vorteil ist auch die Verwendung von Hefenährsalzen, z.B. 10–30 g Ammoniumsulfat oder -phosphat pro 100 kg Maische. Schweflige Säure sollte dagegen aus bereits erwähnten Gründen (s. 2.5) nicht mehr zur Maischebehandlung eingesetzt werden.

Quitten besitzen ein sehr kompaktes Fruchtfleisch, welches sich nur schwer auspressen läßt. Am besten lagert man vollreife Quitten noch 1–2 Wochen, bevor sie fein vermahlen werden. Wenn möglich sollte man gleichzeitig Quittensaft herstellen. Nach *Bartels* erleichtert eine Mischung von ca. ⅓ Saft und ⅔ Maische die Gärung und das spätere Abbrennen der vergorenen Maische. Als Maischezusätze sind 30 g Ammoniumphosphat und pektolytische Enzyme (z. B. 15 ml Pectinex Ultra SP–L pro 100 kg) empfehlenswert. Da sich Quittenmaischen infolge ihres Gerbstoffreichtums nicht immer problemlos vergären lassen, käme als Alternative auch eine Verarbeitung zu Quittengeist in Frage. Die feinvermahlenen Früchte werden ähnlich wie Beerengeiste angesetzt (s. C.4.1).

Als alternative Verarbeitungsmethode für Kernobst (Äpfel, Birnen) bietet sich auch die **Saftherstellung mit anschließender Vergärung** an. Dieses Verfahren ist zur Überschußverwertung geeignet sowie bei erhöhter Infektionsgefahr angezeigt. Als Nachteil muß gegenüber der Maischegärung ein Bukettverlust in Kauf genommen werden, was aber angesichts der verminderten Infektionsanfälligkeit das kleinere Übel ist. Das gewaschene, zerkleinerte Rohmaterial wird abgepreßt und der gewonnene Saft sofort mit 100 ml 5prozentiger schwefliger Säure oder 10 g Kaliumdisulfit pro hl (entspricht 50 mg SO_2/l) eingebrannt. Bei angeschlagenem oder überreifem Obst ist der Einbrand zu verdoppeln. Es kann auch mit Säurezusatz (z.B. je 100 g Phosphor- und Milchsäure pro hl) gearbeitet werden. Die Ansäuerung soll einen pH-Wert von 3,0–3,3 ergeben. Eine Zugabe von 20 g Ammoniumsulfat oder -phosphat pro hl ist besonders bei Birnensäften angezeigt. Wichtig: wird mit schwefliger Säure gearbeitet, muß vor der Reinhefezugabe 6–8 Stunden gewartet werden (s. 3.2).

Schnellgärungen mit frischer Preßhefe sind nur dort zu empfehlen, wo der zu vergärende Saft eine Temperatur von ca. 20 °C aufweist und unmittelbar nach der Gärung mit wirksamen Kolonnenbrennereien destilliert werden kann (s. C.2.2.2). Ein Einbrand sollte auch hier erfolgen, um einer möglichen Acroleinbildung vorzubeugen. Je nach SO_2-Gehalt und verwendeter Brennvorrichtung (Hafen- bzw. Kolonnenbrennerei) sind die Brennsäfte unmittelbar vor der Destillation zu neutralisieren (s. F.3.2.5).

2.7.2 Steinobst

Steinobst soll möglichst ohne Stiele und Blätter verarbeitet werden, um fehlerhaften Destillaten vorzubeugen (s. F.3.2.3). Sehr weiche und vollreife Früchte zerdrücken sich durch ihr Eigengewicht selbst und bedürfen keiner zusätzlichen Zerkleinerung; bei kompakterem Fruchtfleisch genügt im einfachsten Fall das Zerquetschen mit einem Holzstößel. Im gewerblichen Verwertungsbetrieb gelangen vornehmlich Mixer und Walzenmühlen zum Einsatz, wobei bei letzteren ein zu großer Anteil an zerschlagenen Steinen durch Regulierung des Walzenabstandes vermieden werden kann. Grundsätzlich sollten beim Zerkleinerungsvorgang nicht mehr als 5% aller Steine beschädigt werden, da sie Amygdalin enthalten, welches durch steineigene Enzyme in Glucose, Benzaldehyd und die giftige Blausäure aufgespalten werden kann. Zwar sind Benzaldehyd und Blausäure als flüchtige Substanzen in jedem Steinobstdestillat enthalten und tragen in geringen Mengen auch zum typischen Aroma bei, doch kann bei zu hohen Konzentrationen das Fruchtaroma überdeckt werden (»Steingeschmack«). Erhöhte Blausäuregehalte sind nicht nur aus gesundheitlichen Gründen abzulehnen: sie können auch zu erhöhten Ethylcarbamat-Gehalten führen, s. F.3.3.

Bei **Kirschen** ist im allgemeinen eine Vergärung unter **Säureschutz** angezeigt, insbesondere dort, wo sich das Auffüllen der Behälter über einen längeren Zeitraum erstreckt oder das Rohmaterial von unterschiedlicher Qualität ist. Außerdem kann bei säurebehandelten Maischen mit dem Abbrennen länger zugewartet werden. In solchen Fällen ist eine Ansäuerung mit 150–200 g Schwefelsäure bzw. je 150 g Phosphor- und Milchsäure pro 100 kg von Vorteil. Nicht unerwähnt bleiben soll aber, daß bei ganz gesunden Kirschen, die unter Zugabe von Gärsalz und Reinhefe vergoren und innerhalb von 3–4 Wochen abgebrannt werden, auf eine Ansäuerung verzichtet werden kann.
In warmen Jahren und in Zeiten großer Ernten entstehen Kirschdestillate mit höheren Estergehalten (höhere Gärtemperatur, Lagerung der Maischen im Freien usw.). Allzu hohe Estergehalte führen in den Destillaten zu einer penetranten Note; ein gewisser Estergehalt ist jedoch für Kirsch und andere Steinobstbrände typisch und sogar erwünscht (s. Kapitel M). Aus solchen Überlegungen heraus empfiehlt es sich, einen Teil der Kirschenernte auch in jenen Betrieben anzusäuern, in denen normalerweise keine unharmonischen Destillate anfallen. Von der Möglichkeit, Verschnitte von allzu ester- und flüchtigsäurereichen Destillaten mit weniger aggressiven vorzunehmen, sollte im Bestreben, die Qualität zu verbessern und der heutigen Geschmacksrichtung anzupassen, Gebrauch gemacht werden (s. auch F.3.1.2).

Weitere Steinobstarten, wie Zwetschgen, Pfirsiche und Aprikosen, werden vorzugsweise mit pektolytischen Enzymen versetzt und einer Reinhefegärung unterzogen. Gute Erfahrungen wurden mit enzymbehandelten Zwetschgen gemacht (Dosierung z.B. 3 ml Pectinex Ultra SP-L pro 100 kg). Eine Vergärung unter Säureschutz empfiehlt sich dagegen bei angefaulten und/oder besonders säurearmen Früchten (Pflaumen !). Bei Maischen, die mehr als 3-4 Wochen gelagert werden, sollte man jedenfalls nach abgeschlossener Gärung eine Ansäuerung mit je 150 g Phosphor- und Milchsäure pro 100 kg vornehmen. Bei enzymbehandelten Maischen dürfte das nachträgliche Vermischen auch weniger problematisch sein.

2.7.3 Beerenobst

Die Gewinnung von Beerenobstdestillaten erfolgt nur noch gelegentlich über die Maischevergärung, zum einen, weil sich der Aufwand angesichts der meist geringen Zuckergehalte kaum lohnen dürfte, zum andern, weil die Vergärung durch verschiedene Faktoren erschwert wird (gärhemmende Substanzen, ungünstige Nährstoff-Verhältnisse, trockene Beschaffenheit). Um eine Beerenmaische innert nützlicher Frist vergären zu können, sind erhöhte Dosen an Hefenährsalzen (z.B 40 g di-Ammoniumhydrogenphosphat pro 100 kg Maische) und Reinhefe (bei Vogel- und Wacholderbeeren auch Preßhefe, s. 3.4) sowie höhere Gärtemperaturen (20-25 °C) erforderlich. Außerdem müssen wasserarme Beerenarten gemahlen und mit Wasser versetzt werden (Wacholderbeeren nach *Pieper* mit 200-250 Litern Wasser pro 100 kg Beeren), um eine ausreichende Verflüssigung zu gewährleisten. Um Aromabeeinträchtigungen vorzubeugen, sollten die Beeren ohne Stiele und Kämme verarbeitet werden.

Weitaus üblicher ist bei einigen Beerenarten die Verarbeitung zu **Geisten.** Darunter versteht man Spirituosen, die aus frischen oder tiefgekühlten Früchten durch Überziehen mit Alkohol und nachfolgende Destillation gewonnen werden. Am bekanntesten sind die Himbeergeiste. In erster Linie gelangen die aromareicheren Waldhimbeeren, aber auch auch Gartenhimbeeren zur Verarbeitung. Sie werden unmittelbar nach dem Zerquetschen mit maximal 0,5 l Trinksprit pro kg Beeren versetzt und kurze Zeit in gut verschließbaren, vollständig gefüllten Glas- oder Edelstahlbehältern gelagert (s. C.4.1). Auch Brombeeren bieten sich für diese Verarbeitungsmöglichkeit an. Es ist aber anzumerken, daß sich nicht alle Beerenarten gleichermaßen zur Geistherstellung eignen (Beispiel: Erdbeeren). Auch bei Heidelbeeren hat sich gezeigt, daß durch Vergärung aromatypischere Destillate erhalten werden.

2.7.4 Trester

Obst- und Traubentrester sind im allgemeinen sehr infektions- und oxidationsanfällig. Aus diesem Grunde sind sie unmittelbar nach dem Abpressen zu verreiben und im Gärbehälter einzustampfen.

Ein Zusatz von ca. 20% Wasser verdrängt einen Teil der in den Hohlräumen noch vorhandenen Luft. Auch die Gärung sollte in verschlossenen Behältern durchgeführt werden (Gärtrichter aufsetzen!). Es empfiehlt sich, die Gärung mit Reinhefe einzuleiten, besonders bei Kernobsttrestern auch unter Verwendung von 20-40 g di-Ammoniumhydrogenphosphat pro 100 kg Trester. Rotweintrester aus maischevergorenen Trauben lassen sich allenfalls in offenen Standen einlagern, sofern das Auffüllen innert nützlicher Frist erfolgt und die Oberfläche anschließend mit einer genügend dicken Sandschicht (über Plasticfolie!) zugedeckt wird. Hier erübrigt sich auch ein Hefezusatz.

Nach erfolgter Gärung ist mit dem Brennen nicht mehr lange zuzuwarten. Leider wird dem Zustand von Obst- und Traubentrestern nicht immer die nötige Beachtung geschenkt. Trester aus stark faulem Rohmaterial eignen sich nicht für die Branntweingewinnung. Vom oft praktizierten Verfahren, die Trester in Plastiksäcke abzufüllen, muß dringend abgeraten werden, da die resultierenden Destillate deutlich erhöhte Aldehydgehalte aufweisen. Überhaupt sind erhöhte Aldehydgehalte ein Hinweis auf ungünstige Verarbeitungs- und Lagerbedingungen.

2.7.5 Wurzeln und Knollen

Enzianwurzeln sind zu waschen, gut aufzuschließen und mit der gleichen Menge Wasser zu versetzen. Erhöhte Mengen an Preßhefe (ca. 500 g pro 100 kg) und Gärsalz (30–40 g pro 100 kg) wirken sich gärungsfördernd aus, da Gärhemmungen infolge der vielen Bittersubstanzen, Oele und Harze unvermeidlich wären. Auch ist eine Gärtemperatur von ca. 25 °C einzuhalten. Selbst unter günstigen Bedingungen kann sich die Vergärung von Enzianmaischen über Wochen hinziehen.

Topinamburknollen, die am besten zu Beginn des Frühjahrs geerntet werden, sind zunächst sehr gründlich mit Bürste und Wasser zu reinigen. Nach *Bartels* empfiehlt sich zudem eine Entkeimung mit einem lebensmittelrechtlich zugelassenen Desinfektionsmittel, z.B. einer 0,1%igen Lösung von Absonal (1 l Absonal auf 1000 l Wasser; Knollen über Nacht in die Desinfektionslösung legen). Nach gründlichem Abspritzen mit Wasser werden die Knollen über eine Rätzmühle oder einen Muser fein gemahlen. Um den Maischebrei genügend zu verflüssigen, gibt man pro 100 kg Knollen 30–50 l Wasser zu. Damit läßt sich auch die Anstelltemperatur regulieren (s. 3.4). Noch besser bewährt sich eine Verflüssigung mit pektolytischen Enzymen, z.B. mit 15–20 ml Pectinex Ultra SP–L pro 100 kg Maische. In diesem Fall ist nur knapp die Hälfte der oben angegebenen Wassermenge erforderlich.

Die benötigte Enzymmenge wird zusammen mit Preßhefe (ca. 300 g pro 100 kg Maische) in Wasser gelöst und gleichmäßig in der Maische vermischt. Angesichts des oftmals stürmischen Gärverlaufs empfiehlt es sich, im Gärbehälter einen ausreichenden Steigraum freizuhalten. Die Gefahr einer Maischeinfektion läßt sich nach *Kolb* durch Zugabe von 20–40 ml Formalin pro 100 kg Maische (wirkt bakterientötend) verringern, ohne daß dabei der Gärverlauf eine Beeinträchtigung erfährt. Während der Gärung ist die Maische ab und zu umzurühren. Bei Anstelltemperaturen um 25°C und in entsprechend warmen Räumen ist die Gärung in spätestens 4–5 Tagen, meist aber schon früher, beendet. Wichtig ist, daß man die Gärung sofort nach dem Einmaischen einleitet und die vergorene Maische ohne Verzögerung destilliert. Eine längere Lagerung von Topinamburmaischen ist infolge ihrer Infektionsanfälligkeit nicht zu empfehlen.

3 Gärung

3.1 Hefen

Ohne geeignete Konservierungsmaßnahmen werden Obstmaischen und -säfte früher oder später in Gärung geraten. Urheber sind die mikroskopisch kleinen, einzelligen Hefen, deren Durchmesser wenige tausendstel mm beträgt. Botanisch den Pilzen zugehörig, sind sie in der Lage, unter Luftausschluß Zuckerarten wie Glucose und Fructose in Ethylalkohol und Kohlendioxid umzuwandeln (Gärungsgleichung s. A.2.1). Als Gärungsnebenprodukte entsteht eine Anzahl weiterer mehr oder weniger erwünschter Substanzen wie Glycerin, Bernsteinsäure oder höhere Alkohole (Fuselöle). Die zahlreichen Hefearten werden aufgrund ihrer Eigenschaften bezüglich Aussehen, Gärfähigkeit, Vermehrungsart usw. zu Gattungen und Gruppen zusammengefaßt, womit bereits angedeutet ist, daß sich nicht alle Arten in gleicher Weise für die Vergärung von Brennereirohstoffen eignen.

Wie andere Mikroorganismen haften auch »wilde« Hefen am Rohmaterial. Da sie sich rasch vermehren, kann es zu **Spontangärungen** kommen, was aus verschiedenen Gründen mit Risiken verbunden ist. Dies gilt beispielsweise für die häufig vorkommenden Apiculatus-Hefen, welche unter dem Mikroskop an ihrer typischen Form erkannt werden können (Abb. 12). Nachteilig wirkt sich ihr geringes Alkoholbildungsvermögen aus, dies umso mehr, als dabei auch mit einem erhöhten Anteil an Gärungsnebenprodukten wie Essigsäure und Fuselölen gerechnet werden muß. Hinzu kommt, daß wilde Hefen wenig temperaturbeständig sind, was bei kaltem Wetter vermehrt zu Gärstockungen führen kann. Aus den genannten Gründen empfiehlt es sich, die Vergärung von Obstmaischen und -säften mit einer geeigneten **Reinzuchthefe** einzuleiten.

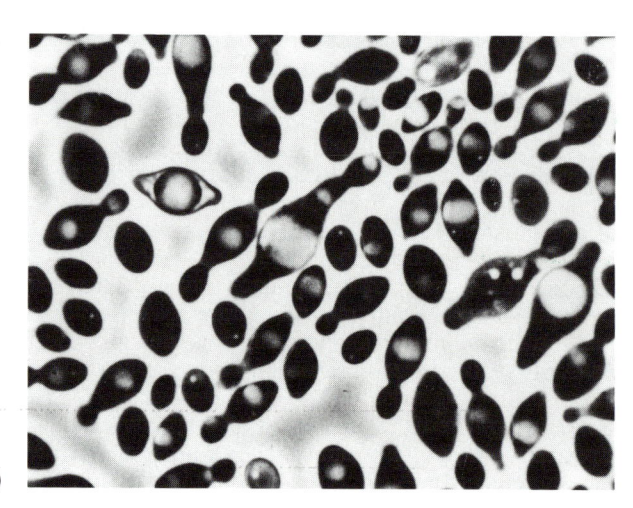

Abb. 12:
Apiculatus-Hefen
(Vergrößerung 1200 x)

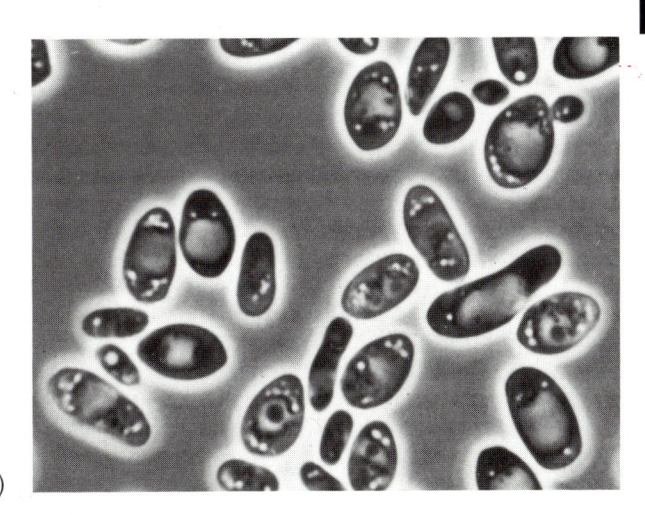

Abb. 13:
Hefe-Reinkultur
(Vergrößerung 1200 x)

Die meisten Hefen können sich sowohl auf geschlechtliche (generative) als auch auf ungeschlechtliche (vegetative) Art vermehren. Unter den in Obstmaischen herrschenden Nährstoff-Verhältnissen erfolgt die Vermehrung durch **Sprossung**, d. h. ungeschlechtlich. Dies geschieht durch Ausbildung einer Tochterzelle an der Zellwand (Abb. 13, oben rechts). Nach abgeschlossener Entwicklung kann die Tochterzelle abgelöst werden und ist ihrerseits imstande, weitere Tochterzellen zu bilden. Die Dauer eines solchen Vorgangs beträgt je nach Hefeart und äußeren Bedingungen (Temperatur, pH-Wert, Mineralstoffangebot usw.) 3–6 Stunden, das heißt, nach dieser Zeit hat sich die Zahl der Hefezellen verdoppelt. Der Gärvorgang setzt erst ein, wenn die Zahl lebender Hefezellen auf 100000–1000000 pro cm^3 angestiegen ist. Zur geschlechtlichen Vermehrung durch **Sporenbildung** sei hier lediglich erwähnt, daß man dadurch in der Lage ist, mittels Kreuzung Heferassen zu züchten, die verschiedene erwünschte Eigenschaften, wie Alkohol- und Kälteresistenz oder geringe Neigung zu Schaumbildung, in sich vereinen.

Die Gärung ist ein exothermer, d. h. Wärme liefernder Vorgang; man hat deshalb mit einem Temperaturanstieg in den Maischen zu rechnen. Die optimale Gärtemperatur beträgt 18–20 °C, bei schwer vergärbaren Maischen etwas darüber, zur Aromaschonung etwas darunter. In besonderen Fällen (tiefe Maischetemperaturen, keine Erwärmungsmöglichkeit) ist die Verwendung sogenannter Kaltgärhefen denkbar, die auch bei 8–10 °C noch eine vollständige Vergärung ermöglichen. Höhere Temperaturen beschleunigen zwar prinzipiell den Gärvorgang; zugleich wird aber auch das Wachstum unerwünschter Mikroorganismen begünstigt. Außerdem besteht bei allzu stürmischer Gärung die Gefahr von Alkohol- und Aromaverlusten. Gärtemperaturen über 27 °C sollten deshalb prinzipiell vermieden werden (im Freien stehende Behälter vor direkter Sonneneinstrahlung schützen, evtl. mit Wasser berieseln). Oberhalb 43–45 °C sind Hefen weder vermehrungs- noch gärfähig. Außerdem wird die Gärung durch erhöhte SO_2-Gehalte (über 50 mg freie SO_2/l) weitgehend verhindert.

3.2 Einleitung der Gärung

Nach dem Einmaischen sollte die Gärung ohne größere Verzögerung durch Reinzuchthefe eingeleitet werden. In den Gärbehältern ist genügend »Steigraum« freizuhalten (Füllhöhe bei Maischen ca. 80%, bei Gärsäften max. 90%). Der Hefezusatz kann im Prinzip zusammen mit anderen Behandlungsmitteln erfolgen, sofern eine gleichmäßige Verteilung in der Maische gewährleistet ist. Gerade bei der Ansäuerung könnten sonst lokale Überkonzentrationen zu tiefen, auch für die Hefe schädlichen pH-Werten führen. Dort, wo noch mit schwefliger Säure gearbeitet wird (z.b. bei Gärsäften), darf der Hefezusatz frühestens 6–8 Stunden nach dem Einbrand erfolgen. Wichtig ist, daß man die Reinhefe **vor** dem Einsetzen einer Spontangärung zugibt; ein Reinhefezusatz in eine bereits mit wilden Hefen angelaufene Gärung wäre zwecklos. Damit würde höchstens die Gärtätigkeit übermäßig intensiviert; dies hätte aber überhöhte Gärtemperaturen und letztlich Aromaverluste zur Folge.

Im Prinzip wäre es möglich, die wilden Hefen und andere Mikroorganismen durch Erhitzen abzutöten und die Beimpfung im Anschluß daran vorzunehmen. Angesichts des damit verbundenen technologischen Aufwands (s. 2.6) und der Möglichkeit einer Aromabeeinträchtigung wird dieses Verfahren in der Praxis jedoch kaum durchgeführt. Es soll an dieser Stelle nochmals betont werden, daß die erste Voraussetzung für einen einwandfreien Gärverlauf nach wie vor durch das Rohmaterial selbst gegeben ist. Eine geeignete Maischebehandlung kann ebenfalls dazu beitragen. Es wäre jedoch falsch, zu glauben, daß der Einsatz von Reinhefe ein Patentrezept gegen schlechtes Rohmaterial oder Fehler beim Einmaischen sei!

3.3 Reinzuchthefen

Speziell selektionierte Reinhefen sind heute in verschiedenen Formen (flüssig, trocken) auf dem Markt. **Trockenhefen** gewinnen dabei immer mehr an Bedeutung, da sie den **Flüssighefen** gegenüber wesentliche anwendungstechnische Vorteile aufzuweisen haben. Während Flüssighefen zur Vergärung größerer Maische- und Saftmengen aus wirtschaftlichen Gründen zunächst mittels Anstellkultur vermehrt werden müssen, lassen sich Trockenhefen direkt oder nach kurzem Aufquellenlassen zudosieren. Hinzu kommt, daß die Vermehrung unter Betriebsbedingungen stets eine gewisse Einschleppungsgefahr unerwünschter Mikroorganismen in sich birgt, womit das Hauptargument für den Einsatz von Reinzuchthefen hinfällig würde. Ein weiterer Pluspunkt für die Trockenhefen ist ihre deutlich verbesserte Haltbarkeit, was ebenfalls dazu beitragen dürfte, daß die Flüssighefe – von Spezialanwendungen abgesehen – in absehbarer Zeit ganz verschwinden wird.

3.3.1 Trockenhefe

Die Produktion der heute im Handel erhältlichen granulierten Trockenhefen erfolgt in speziell dafür eingerichteten Betrieben. Dabei wird die vermehrte Reinzuchthefe gewaschen und ohne weitere Zusätze vorsichtig getrocknet (Restwassergehalt ca. 8%). Durch diesen Vorgang ergibt sich die Granulierung von selbst. Das Produkt wird umgehend unter Verwendung von Schutzgas abgepackt. Gäraktivität (Gehalt an lebenden Zellen) und mikrobielle Reinheit (Absenz von Fremdorganismen) sind durch die laufende Produktionskontrolle gewährleistet. In der ungeöffneten Originalpackung und bei Lagerung im Kühlschrank erfährt Trockenhefe während eines Jahres keinen nennenswerten Aktivitätsverlust. Angebrochene Packungen müssen sofort nach Entnahme von Hefe wieder verschlossen werden; dennoch ist ihre Haltbarkeit beschränkt. Da verschiedene Packungsgrößen im Handel sind, läßt sich eine längere Aufbewahrungsdauer angebrochener Packungen ohnehin meist vermeiden.

Das Zudosieren der Trockenhefe kann bei Mosten während eines gründlichen Umpumpens direkt vorgenommen werden. Besonders im Falle der nicht ohne weiteres pumpbaren Maischen empfiehlt es sich jedoch, die erforderliche Trockenhefe langsam in die 10fache Menge Wasser einzurühren. Die Wassertemperatur soll max. 40 °C betragen (mit Thermometer kontrollieren!). Nach vollständigem Aufquellen (Ansatz 10–15 min stehenlassen) wird die Suspension nochmals aufgerührt und gleichmäßig in der Maische verteilt. Nach Zugabe der Hefesuspension wird der Behälter mit einem Gärtrichter verschlossen (s. 1.3). Die **Dosierung** der Trockenhefe richtet sich nach dem verwendeten Produkt (Angaben des Herstellers beachten). Als **Richtwerte** können bei Mosten 5–10, bei Maischen 10–20 g/hl angenommen werden. Dickflüssige Maischen oder gerbstoffreiche Obstarten (Gefahr von Gärstockungen!) erfordern entsprechend höhere Dosierungen.

3.3.2 Flüssighefe

Dort, wo noch mit Flüssighefe gearbeitet wird, ist zu beachten, daß die Vermehrung in einem frisch pasteurisierten Saft erfolgt (Erhitzung in geeignetem Glas-, Edelstahl- oder Emailgefäß auf 90 °C mit anschließender Rückkühlung auf 15–17 °C **vor** der Hefezugabe). Am besten werden für den Gäransatz nicht ganz gefüllte, mit Gärtrichter verschlossene 25-l-Glasflaschen verwendet. Sie sind bei Zimmertemperatur aufzustellen. Nach 3–5 Tagen, d.h. nach Einsetzen der stürmischen Gärung, kann die Anstellhefe der zu vergärenden Hauptmenge zugesetzt werden (Richtwert 1–3 Liter pro 100 kg Maische). Bei Maischetemperaturen um 10 °C sind höhere Dosierungen erforderlich (bei Verwendung von Kaltgärhefen 4–6 Liter pro 100 kg Maische), ebenso bei den im vorstehenden Abschnitt erwähnten Fällen. Wichtig ist natürlich auch hier, daß die Gärbehälter nicht ganz gefüllt und nach dem Vermischen der Anstellhefe sofort mit einem Gärtrichter verschlossen werden. Im Prinzip läßt sich die Weiterimpfung mehrmals wiederholen, peinlich sauberes Arbeiten und Verwendung von pasteurisiertem Saft vorausgesetzt. Die Möglichkeit einer Infektion ist jedoch nie ganz auszuschließen. Es wird deshalb dringend empfohlen, spätestens nach drei Wochen von einer neuen, nicht überlagerten Reinhefe auszugehen.

3.4 Preßhefe

Frische Preß- und Bäckereihefe ist nur bedingt zu empfehlen und sollte lediglich für Schnellgärungen (Mosttemperatur um 20 °C) verwendet werden; dies auch nur dann, wenn das Abbrennen unmittelbar im Anschluß an die Gärung erfolgen kann. Mit Aromaverlusten, geringeren Alkoholausbeuten und erhöhten Fuselölgehalten muß in jedem Fall gerechnet werden. In der Praxis kommen vor allem **Kernobstsäfte** für eine Vergärung mit Preßhefe in Frage (100–200 g Preßhefe pro hl). Nur in ganz besonderen Fällen ist Preßhefe der Reinzuchthefe vorzuziehen, so bei schwer vergärbaren Beerenarten (Vogel- und Wacholderbeeren), aber auch bei Enzianwurzeln und Topinamburknollen. Hier sind auch höhere Dosierungen angezeigt (300–500 g pro 100 kg). Gleichzeitig muß bei höheren Anstelltemperaturen von 22–27 °C gearbeitet werden. Die Haltbarkeit von Preßhefe ist beschränkt; auch im Kühlschrank sollte man Lagerzeiten von 2 Wochen nicht überschreiten.

3.5 Gärverlauf

Bevor die Zuckervergärung einsetzen kann, muß eine gewisse Hefekonzentration erreicht sein (s. 3.1). Die Dauer der dazu erforderlichen **Vermehrungsphase** hängt von unzähligen Faktoren, besonders aber von der Maische- bzw. Mosttemperatur sowie von den Nährstoffverhältnissen ab. Das Einsetzen der **stürmischen Gärung**, d.h. der Beginn der Alkohol- und Kohlendioxidproduktion, ist ohne weiteres am »Glucksen« im Gäraufsatz erkennbar. Besonders bei zuckerreichen Rohstoffen kann eine deutliche Temperaturzunahme festgestellt werden. Ist die Hauptmenge des vorhandenen Zuckers vergoren, so gehen Gasentwicklung und Temperatur wieder zurück; schließlich hört die CO_2-Bildung ganz auf. In durchgegorenen Maischen sind normalerweise höchstens noch 2–3 g Zucker pro Liter vorhanden. Es empfiehlt sich, den Stand der Vergärung mittels Mostwaage bzw. Saccharometer zu überprüfen (s. G.3.1). Bei den üblichen Anstelltemperaturen von 15–20 °C muß im allgemeinen – auch im Falle leicht vergärbarer Rohstoffe – mit einer Gärdauer von 10–20 Tagen gerechnet werden. Obst mit bedeutendem Gehalt an gärhemmenden Substanzen (z.B. gerbstoffreiche Beerenarten) benötigt bei gleicher Anstelltemperatur wesentlich länger zur vollständigen Vergärung. Hier empfiehlt sich eine Erhöhung von Anstelltemperatur, Hefe- und Gärsalzzusatz, um allzu großen Gärverzögerungen oder sogar **Gärstockungen** vorzubeugen. Die wichtigsten Ursachen von Gärstockungen sind

- **zu tiefe Temperaturen**: Raum heizen. Bei Mosten auch Erwärmung durch Tauchsieder. Maischeerwärmung durch maßvolle Dampfeinleitung möglich (Gefahr von Aromaverlusten und Abtötung von Hefen im Bereich des Einleitungsrohrs!)
- **Mangel an Stickstoffsubstanzen**: Zusatz von Gärsalzen wie Ammoniumsulfat (s. 2.4)
- **zu hoher Säuregehalt**: kann durch verschiedene Ursachen bedingt sein, z.B. vom Rohmaterial her (säurereiches Obst, Bildung von flüchtigen Säuren) oder durch Fehlmanipulationen (zu starke Ansäuerung bzw. Schwefelung). Abhilfe durch teilweise Neutralisation mit kohlensaurem Kalk (Calciumcarbonat, s. F.3.1.1). Anschließend erneute Zugabe von Reinhefe.
- **erhöhter Gerbstoffgehalt** (Glanzgärer!): Hefen scheiden sich aus. Vorbeugung bei Gärsäften durch Gelatineschönung (30–50 g pro hl) oder Verschnitt mit gerbstoffarmem Rohmaterial (z.B. Birnen- mit Apfelmost).

Weitere Ursachen von Gärstockungen können erhöhte Gehalte an Metallen (Eisen, Kupfer), Konservierungs- (Sorbinsäure, Benzoesäure) und Pflanzenschutzmitteln sein. Sie sind jedoch in der Praxis weniger häufig anzutreffen.

Können sich infolge Maischeinfektion und fehlendem Säureschutz unerwünschte Hefe- und Bakterienarten genügend stark vermehren, sind auch **Fehlgärungen** möglich. Darunter versteht man im weitesten Sinne alle durch Mikroorganismen hervorgerufenen unerwünschten Veränderungen in Mosten und Maischen*. Dabei kann es sich um Zersetzungen von Zuckerarten, Frucht- und Aminosäuren sowie von Gärungsprodukten handeln. Da diese Vorgänge zumeist unter CO_2-Entwicklung ablaufen, werden sie oft auch mit der alkoholischen Gärung verwechselt. Neben der bereits mehrmals erwähnten Essigsäure sind z.B. Milchsäure, Buttersäure und Mannit Produkte von Fehlgärungen. Außer dem Umstand, daß Fehlgärungen nicht unbedeutende **Ausbeuteverluste** zur Folge haben, wirken sich die dabei entstehenden Substanzen in geruchlicher und geschmacklicher Hinsicht negativ auf Moste und Maischen sowie die daraus gewonnenen Destillate aus. Die Wiederherstellung fehlerhafter Destillate ist nicht immer möglich oder zumindest mit zusätzlichem Aufwand verbunden (s. F.3.1). Weitaus am vorteilhaftesten ist es, wenn man es gar nicht erst zu mikrobiell bedingten Fehlern kommen läßt, was mit einwandfreiem Rohmaterial, einer geeigneten Maischebehandlung sowie sauberer Gärführung ohne weiteres möglich ist.

3.6 Maßnahmen nach Abschluß der Gärung

3.6.1 Prüfung auf vollständige Vergärung

Nach Beendigung der Gasentwicklung überzeuge man sich zunächst von der Vollständigkeit der Gärung. Dies geschieht am einfachsten durch eine aräometrische Extraktbestimmung (bei Maischen möglichst trubfreies Filtrat herstellen, s. G.2). Da der Extraktgehalt nicht nur vom Zucker, sondern auch von anderen, unvergärbaren Substanzen bestimmt wird, zeigen auch vollständig vergorene Säfte und Maischefiltrate ein gewisses »Mostgewicht« an. Hinzu kommt, daß der gebildete Alkohol die Anzeige des Aräometers ebenfalls beeinflußt. In Tabelle 9 (s. G.3.3.2) sind für die wichtigsten Rohstoffe der Obstbrennerei die nach vollständiger Vergärung zu erwartenden Extraktgehalte zusammengestellt. Werden diese wesentlich überschritten, so muß mit dem Vorliegen einer Gärstockung gerechnet werden. Die Prüfung auf Vollständigkeit der Vergärung kann auch mittels Zuckerbestimmung erfolgen.
In Zweifelsfällen empfiehlt es sich, das zur Extraktbestimmung verwendete Muster mit Bäckereihefe zu versetzen (Dosierung: ca. 5 g Hefe auf 200 ml Saft oder Maischefiltrat; Hefe klumpenfrei verrühren) und bei 20–25 °C in einem mit Gärtrichter verschlossenen Glasstehkolben stehen zu lassen. Die Hefe soll täglich 1–2 mal durch Schwenken des Kolbens aufgewirbelt werden. Nach 2–3 Tagen wird filtriert und die Extraktbestimmung wiederholt. Liegt der gemessene Wert tiefer als vor Zugabe der Hefe, so ist die Gärung noch nicht vollständig; durch geeignete Maßnahmen (s. 3.5) kann sie gegebenenfalls wieder in Gang gebracht werden. Für die Nachgärung »steckengebliebener«, aber noch nicht verdorbener Maischen und Moste sind im Handel spezielle Trockenhefen erhältlich.

---
* Bei Gärungsvorgängen im enger gefaßten Sinn handelt es sich um Zucker-Abbauvorgänge, die unter Luft(Sauerstoff)ausschluß ablaufen.

47

3.6.2 Lagerung vergorener Maischen

Vergorene Maischen aus gesundem Obst können vor dem Abbrennen noch während 3–4 Wochen gelagert werden, ohne daß mit nachteiligen Veränderungen gerechnet werden muß. Ausnahmen bilden die Maischen aus Williamsbirnen und Topinamburknollen; besonders letztere sind nach Gärende sofort zu destillieren (s. 2.7.5). Dasselbe gilt auch für Brennsäfte, die von der Hefe abzuziehen und ohne größere Verzögerung zu destillieren sind. Am besten werden die Gebinde während der Lagerung spundvoll gehalten und luftdicht verschlossen.

Eine längere Lagerdauer vergorener Maischen ist aus betrieblichen Gründen oft nicht zu vermeiden und wird in gewissen Fällen sogar empfohlen (s. F.3.3). Ohne Säureschutz tritt aber früher oder später eine bakterielle Zersetzung auf (s. 2.2). So kann es beispielsweise zu einer erhöhten Propanolbildung kommen; auch steigt der Gehalt an Essigsäure mitunter beträchtlich an. Damit geht – auf Kosten des Alkohols! – die Bildung von Essigester einher (s. D.2.2). Säurearme Maischen liefern dagegen meist neutral wirkende Destillate mit zu tiefem Estergehalt. Hier wirkt sich eine etwas längere Maischelagerung (selbstverständlich unter degustativer und analytischer Kontrolle) positiv aus. Eine bakterielle Umsetzung von Äpfelsäure zu Milchsäure muß sich nicht nachteilig auswirken, jedenfalls dann, wenn die für diesen Abbau verantwortlichen Bakterien zahlenmäßig nicht dominieren und keine unerwünschten Nebenprodukte gebildet werden (s. auch F.3.1).

Müssen Maischen während längerer Zeit gelagert werden, so ist auf einen kühlen Aufbewahrungsort zu achten und, falls dies nicht schon vor der Gärung geschah, eine Ansäuerung vorzunehmen. Als Alternative bietet sich auch ein Zusatz von Glucose-Oxidase an (s. 2.5). Holzfässer sind wegen des zu erwartenden Alkoholverlustes nicht zur langfristigen Lagerung vergorener Maischen geeignet.

C DESTILLATION

1 Allgemeines

Durch den Brenn- oder Destillationsvorgang wird der in Maische bzw. Brennsaft enthaltene Alkohol zusammen mit anderen flüchtigen Stoffen von den übrigen Bestandteilen abgetrennt. Je nach Destillationsgerät, Beheizungsart und Destillationstechnik resultiert ein relativ neutraler Alkohol oder ein mit unerwünschten schwerflüchtigen Komponenten (Fuselöl) angereichertes Destillat. Leichtflüchtige Stoffe wie Aldehyde, Ketone und Ester können bereits in übermäßig hohen Konzentrationen im Brenngut vorhanden sein. Hier ist es dem Können des Brenners überlassen, ein Zuviel an unerwünschten Begleitsubstanzen ohne Aromaverlust abzutrennen. Die Anreicherung des Alkohols wird dadurch ermöglicht, daß seine Siedetemperatur unter Normaldruck bei 78,3 °C liegt, während Wasser erst bei 100 °C siedet. Mit dem Erhitzen einer Maische findet deshalb eine Anreicherung des leichterflüchtigen Alkohols im entstehenden Gasgemisch und somit im Destillat statt. Auf eine zu weitgehende Reinigung des überdestillierenden Alkohols wird absichtlich verzichtet, da erst ein bestimmter Gehalt an Estern, Säuren, Aldehyden, Ketonen und etherischen Ölen die typische Eigenart eines Obstbrandes bewirkt.

2 Brennapparaturen

So stark sich die verschiedenen Destillationsapparaturen in Einzelheiten auch unterscheiden mögen, ist doch der prinzipielle Aufbau mit **Blase, Helm, Geistrohr und Kühler** überall derselbe. Unterschiede bestehen vor allem hinsichtlich Beheizungsart der Blase und Verstärkungseinrichtungen. Die hauptsächlich in der Obstbrennerei verwendeten Gerätetypen sollen in den nachfolgenden Abschnitten vorgestellt werden.

2.1 Einfache Hafenbrennerei mit direkter Beheizung

Bei dieser klassischen Destilliervorrichtung ist die aus Kupfer bestehende Blase – der das Brenngut aufnehmende Teil – so eingebaut, daß sie von der Flamme oder den Heizgasen direkt umgeben ist (Abb. 14). Für die Verwendung von **Kupfer** als Blasenmaterial sprechen mehrere Gründe: erstens ist Kupfer ein sehr guter **Wärmeleiter**, zweitens weist dieses Metall gegenüber Fruchtsäuren eine optimale **Beständigkeit** auf und drittens ist der **Einfluß von Kupfer auf die Produktequalität positiv**. Gerade dieser letzte Punkt ist es, der Kupfer aus anderen, mindestens ebenso säurebeständigen Werkstoffen hervortreten läßt. Der Grund für die Tatsache, daß Brennblasen aus Kupfer sauberere, aromatypischere Destillate produzieren als solche aus Edelstahl oder Glas, liegt darin, daß Kupfer mit flüchtigen, im Laufe der Gärung entstandenen Schwefelverbindungen nichtflüchtige Produkte bilden kann, welche in der Schlempe oder als Belag in der Brennblase zurückbleiben. Bekanntestes Beispiel einer sol-

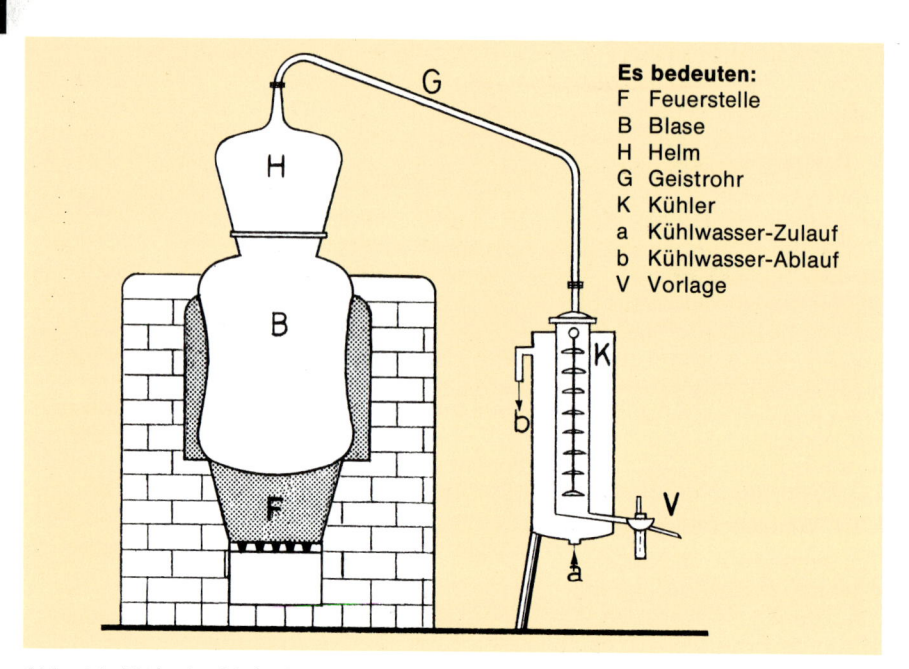

Es bedeuten:
F Feuerstelle
B Blase
H Helm
G Geistrohr
K Kühler
a Kühlwasser-Zulauf
b Kühlwasser-Ablauf
V Vorlage

Abb. 14: Einfache Hafenbrennerei mit direkter Beheizung

chen qualitätsmindernden Schwefelverbindung ist der Schwefelwasserstoff (s. F.3.1.6). Eine weitere positive Eigenschaft von Kupfer ist die Bildung unlöslicher Kupfer/Cyanid-Verbindungen, was zur Gewinnung cyanidarmer Destillate ausgenützt werden kann (s. 2.3).

Über die Idealform von Brennblasen sind die Meinungen geteilt. Fest steht, daß die Kugel das günstigste Oberfläche/Volumen-Verhältnis aufweist (Preisfrage!). Es scheint aber auch, daß bei dieser Blasenform weniger Energie benötigt wird, um die Maische in Bewegung zu bringen (Abb. 15).

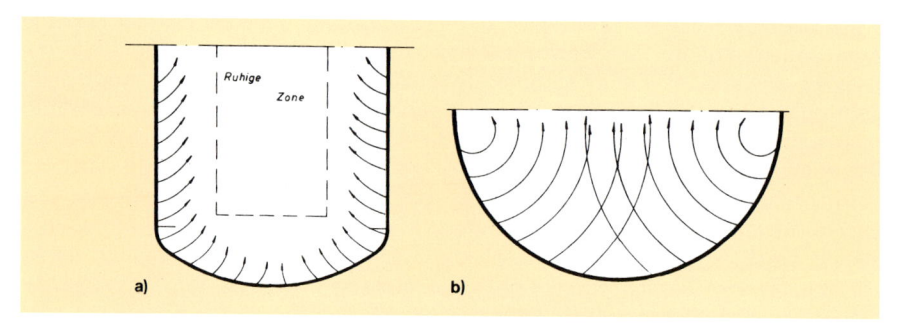

Abb. 15: Blasenformen (a zylindrische Form, b Kugelform)

Brennereianlagen mit direkter Befeuerung haftet der Nachteil an, daß es – insbesondere bei dickflüssigen Maischen oder Trestern – zum **Anbrennen** des Blaseninhalts kommen kann. So erzeugte Destillate weisen nicht selten einen brenzlig-bitteren Geschmack auf, welcher sich kaum mehr entfernen läßt (s. F.3.2.4). Trotz dieses Nachteils finden sich auch heute noch solche Brennhäfen, vielleicht nicht zuletzt deshalb, weil die Wärmeausnützung recht gut ist. Modernere Geräte dieser Art sind zusätzlich mit Siebboden, Rührwerk und großem Maischeablauf (bequemes Entleeren!) ausgerüstet. Die direkte Befeuerung erlaubt eine rasche Steuerung des Destillationsvorganges. Bei älteren Blasen ist Vorsicht geboten, da im Verlaufe der Jahre mit einem Durchbrennen des Blasenmaterials gerechnet werden muß. Direkt beheizte Brenngeräte sollten nur noch zum Umbrennen von Rauhbrand (Herstellung von Feinbrand) oder für die Geistherstellung eingesetzt werden, da hier kein Anbrennen zu befürchten ist.

2.2 Brenngeräte mit indirekter Beheizung

2.2.1 Wasserbadbrenngeräte

Das Anbrennen der Maischen läßt sich vermeiden, wenn man die Erhitzung in einem Wasserbad vornimmt. Im Prinzip ist die Brennblase etwa zur Hälfte von einem geschlossenen Wasserbehälter umgeben (Abb. 16). Früher wurden solche Apparate vielfach eingemauert, heute sind sie vorwiegend freistehend. In das Wasserbad ist ein Feuerungsraum eingeschoben, der den Einsatz von flüssigen, festen oder gasförmigen Brennstoffen erlaubt. Im unteren Teil der Blase

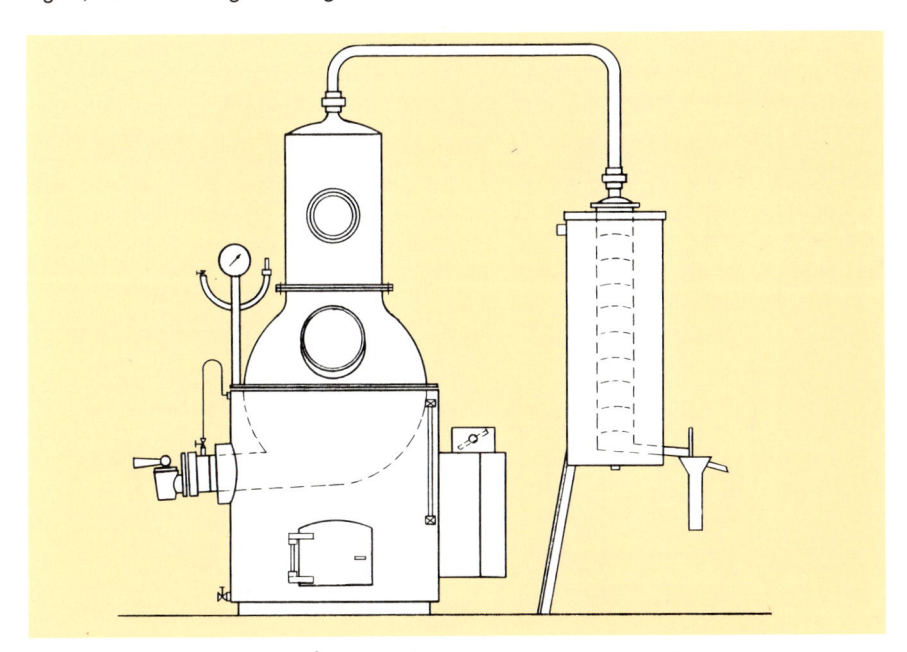

Abb. 16: Wasserbadbrennerei mit Helm

erfolgt der Wärmeaustausch über das Heißwasser, oberhalb der Wasseroberfläche durch Wasserdampf mit einem Überdruck von maximal 0,5 bar, entsprechend einer Temperatur von max. 110 °C. Aus Sicherheitsgründen sind die Heizmäntel mit einem Überdruckventil ausgerüstet.
Gegenüber Brennereien mit direkter Befeuerung erfolgt die Energieübertragung bei Wasserbadgeräten langsamer, was sich jedoch auf die Branntweinqualität nur günstig auswirken kann (kein Anbrennen, bessere Rektifikation). In der Schweiz macht man des öfteren von der Möglichkeit zur Einleitung von Direktdampf Gebrauch, was besonders zur besseren Entgeistung dickflüssiger Maischen von Vorteil ist. In Deutschland ist dieses Verfahren, abgesehen von der Dampfzufuhr über das Entleerungsrohr der Blase, nur bei Geräten zugelassen, die vor dem Jahre 1929 gebaut wurden.

2.2.2 Dampfbrenngeräte

Dampfbrenngeräte unterscheiden sich von den Wasserbadtypen dadurch, daß die Energieübertragung ausschließlich mit Dampf (anstelle von Wasser und Dampf) erfolgt (Abb. 17). Änderungen in der Dampfzufuhr wirken sich schon nach kurzer Zeit auf den Destillationsverlauf aus; solche Systeme lassen sich also problemlos regulieren. Gelegentlich trifft man auch Dampfbrenngeräte mit

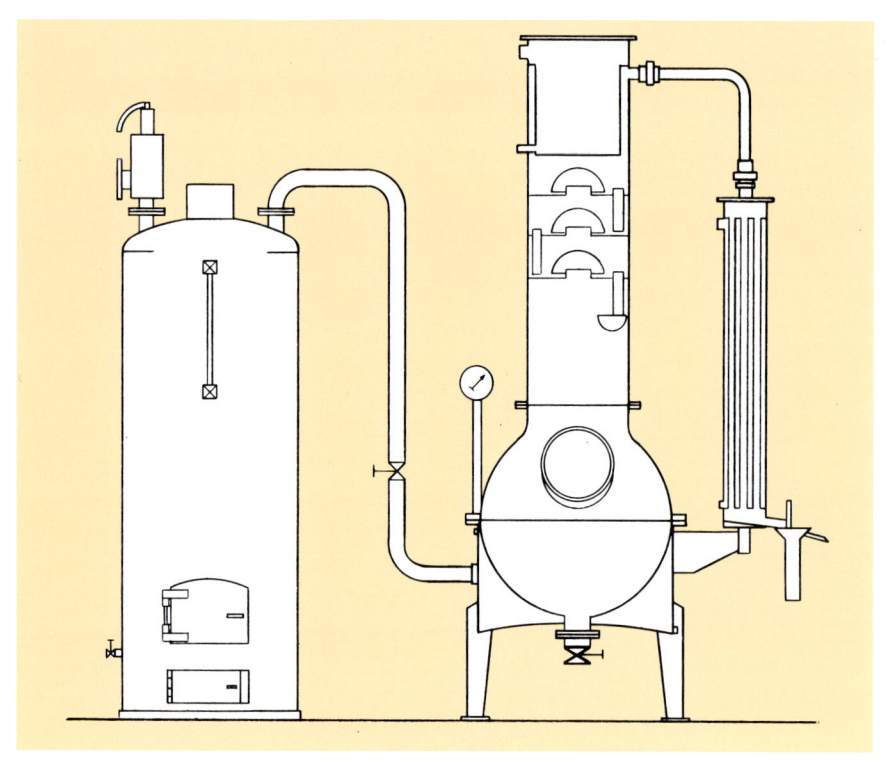

Abb. 17: Dampfbrennerei mit Verstärker, links Dampfkessel

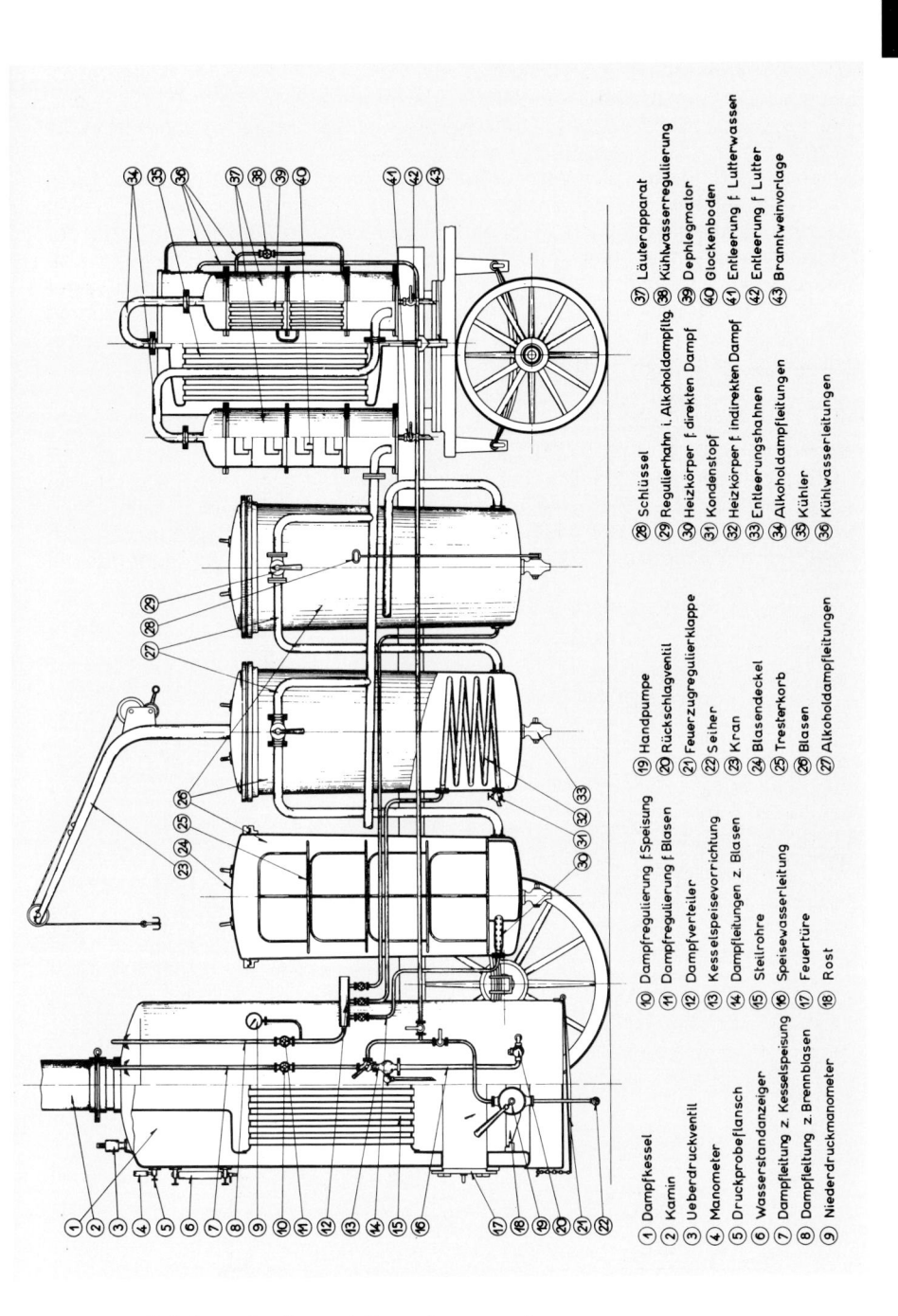

Abb. 18: Fahrbare Dreikessel-Dampfbrennerei

① Dampfkessel
② Kamin
③ Ueberdruckventil
④ Manometer
⑤ Druckprobeflansch
⑥ Wasserstandsanzeiger
⑦ Dampfleitung z. Kesselspeisung
⑧ Dampfleitung z. Brennblasen
⑨ Niederdruckmanometer
⑩ Dampfregulierung f Speisung
⑪ Dampfregulierung f Blasen
⑫ Dampfverteiler
⑬ Kesselspeisevorrichtung
⑭ Dampfleitungen z. Blasen
⑮ Steilrohre
⑯ Speisewasserleitung
⑰ Feuertüre
⑱ Rost
⑲ Handpumpe
⑳ Rückschlagventil
㉑ Feuerzugregulierklappe
㉒ Seiher
㉓ Kran
㉔ Blasendeckel
㉕ Tresterkorb
㉖ Blasen
㉗ Alkoholdampfleitungen
㉘ Schlüssel
㉙ Regulierhahn i. Alkoholdampfltg.
㉚ Heizkörper f direkten Dampf
㉛ Kondenstopf
㉜ Heizkörper f. indirekten Dampf
㉝ Entleerungshahnen
㉞ Alkoholdampfleitungen
㉟ Kühler
㊱ Kühlwasserleitungen
㊲ Läuterapparat
㊳ Kühlwasserregulierung
㊴ Dephlegmator
㊵ Glockenboden
㊶ Entleerung f Lutterwasser
㊷ Entleerung f Lutter
㊸ Branntweinvorlage

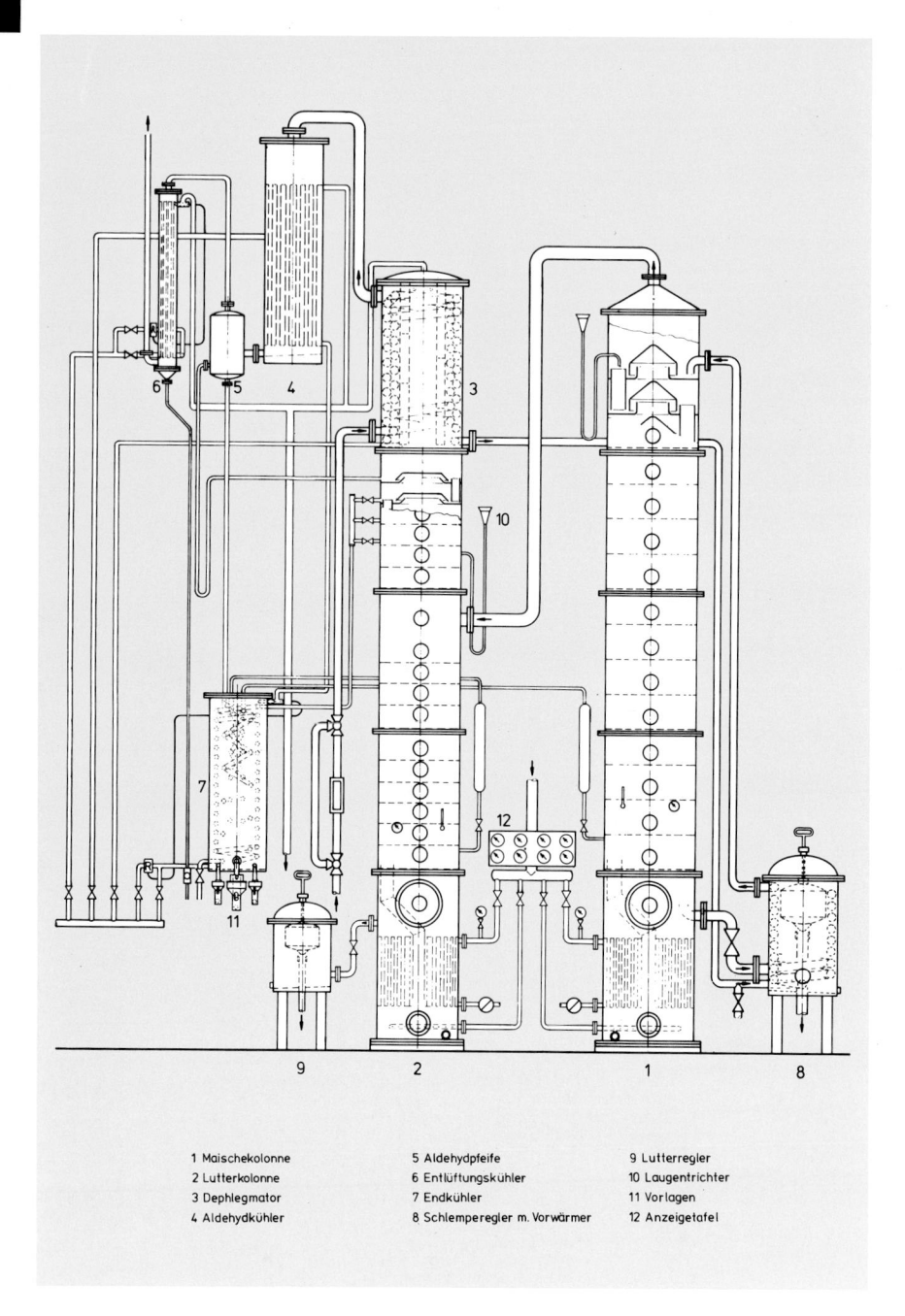

1 Maischekolonne	5 Aldehydpfeife	9 Lutterregler
2 Lutterkolonne	6 Entlüftungskühler	10 Laugentrichter
3 Dephlegmator	7 Endkühler	11 Vorlagen
4 Aldehydkühler	8 Schlemperegler m. Vorwärmer	12 Anzeigetafel

Abb. 19: Kontinuierlicher Mostdestillierapparat (»Kolonnenbrennerei«)

54

Abb. 20: Wasserbadbrennerei mit aufgesetztem Verstärker, Cyanidabscheider zwischen Kolonne und Kühler, Blase mit Rührwerk, Heißwasser-Vorratsbehälter (U. Kothe)

Abb. 21: Wasserbadbrennerei mit aufgesetztem Verstärker inkl. integriertem Cyanidabscheider, Blase mit Rührwerk, automatische Vor-/Nachlaufabtrennung (A. Holstein)

Abb. 22: Wasserbadbrennerei mit Kugelhelm und seitlich angebrachtem Verstärker, Reinigungseinrichtung für Böden sowie Doppelkühlsystem (A. Adrian)

Abb. 23: Wasserbadbrennerei mit aufgesetztem Verstärker (R. Wengert)

Abb. 24: Wasserbadbrennerei mit kugelförmigem Helm und seitlich angebauter Verstärkerkolonne (Müller GmbH)

Abb. 25: Dampfbrennere mit danebenstehendem Verstärker (J. Carl)